大片感+

网店旺铺

商品视频拍摄与剪辑

李 倪 编著

电子工业出版社
Publishing House of Electronics Industry
北京·BEIJING

内容简介

本书共 12 章，前 6 章从基础理论技术层面介绍了数码单反相机在拍摄视频前的准备工作、如何制定拍摄文案、拍摄技术、拍摄艺术、拍摄中的常见问题与高清音频的录制。从机器的配置与操作入门，到视觉元素的提炼与运用，为读者详细介绍了如何进行视频拍摄。后 6 章向读者介绍了使用会声会影软件的方法及后期对视频进行编辑的技术。

本书适合各类视频拍摄爱好者，专业从事产品摄像的从业人员参考阅读。

未经许可，不得以任何方式复制或抄袭本书之部分或全部内容。
版权所有，侵权必究。

图书在版编目（CIP）数据

大片感＋：网店旺铺商品视频拍摄与剪辑 / 李倪编著 . — 北京 ：电子工业出版社，2015.3

ISBN 978-7-121-25258-7

Ⅰ . ①大… Ⅱ . ①李… Ⅲ . ①数字照相机－单镜头反光照相机－摄影技术 Ⅳ . ① TB86 ② J41

中国版本图书馆 CIP 数据核字（2014）第 303616 号

责任编辑：田　蕾

文字编辑：赵英华

印　　刷：中国电影出版社印刷厂

装　　订：三河市华成印务有限公司

出版发行：电子工业出版社

地　　址：北京市海淀区万寿路 173 信箱 （邮编：100036）

开　　本：720×1000　1/16

印　　张：16

字　　数：409.6 千字

版　　次：2015 年 3 月第 1 版

印　　次：2015 年 3 月第 1 次印刷

定　　价：59.80 元

参与本书编写的人员有：李倪、宋军、韩翠、王珊、张爽、杨伟、李红、赵丹华、戴珍、范志芳、罗树梅、刘琳琳、钟叶青、周文卿、费晓蓉。

凡所购买电子工业出版社图书有缺损问题，请向购买书店调换。若书店售缺，请与本社发行部联系，联系及邮购电话：(010) 88254888。

质量投诉请发邮件至 zlts@phei.com.cn，盗版侵权举报请发邮件至 dbqq@phei.com.cn。

服务热线：(010) 88258888。

前言

目前随着电子商务的迅猛发展，以视频广告形式向顾客展示销售的商品已成为广大商家乐于采用的形式。而数码相机及高性能手机等以其较为灵活轻巧的外形、优秀的画质拍摄能力已日渐成为广告视频拍摄工具的首选。它们的应用范围已经不单单只在拍摄图片层面，越来越多的影视爱好者和从业人员用这些设备来拍摄广告、纪录片、电视剧等。然而，作为以拍摄静态图片为主要功能的数码相机，在用其进行影像创作时，难免在技术上会产生一些障碍。本书就是为解决这一系列问题应运而生的。

全书共分为 12 章，前 6 章从基础理论技术层面介绍了数码单反相机在拍摄视频前的准备工作、如何制定拍摄文案、拍摄技术、拍摄艺术、拍摄中的常见问题与高清音频的录制。后 6 章向读者介绍了如何使用会声会影及后期对视频进行编辑的方法。

通过阅读此书，你会发现掌握技术并拥有了一定的审美视角后，数码相机在视频拍摄中也可实现高品质的大片效果。给所经营产品增色的同时，无形中也提高了品牌档次。

本书适合各类视频拍摄爱好者，专业从事产品摄像的从业人员，希望通过本书给初学者带来帮助与提高。

目录

第 1 章 拍摄前的准备

第 2 章 制定拍摄文案

第 3 章 拍摄技术

第 8 章 素材的导入及捕获

第 9 章 素材的精修与分割

第 10 章 转场及特效编辑

第 11 章 字幕及音乐特效制作

第 12 章 影片的输出

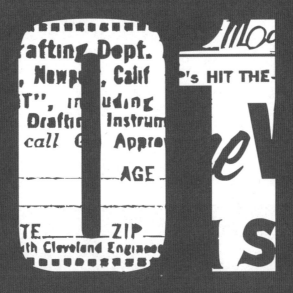

拍摄前的准备

- 视频拍摄的基础知识
- 拍摄器材的准备
- 高端 DSLR 相机配置
- 经验分享——手机如何拍出大片感
- 经验分享——搭建影棚投资的可行性

视频拍摄的基础知识

目前市场上具有视频拍摄功能的产品有很多，从适合家庭使用的普通消费级数码相机，个人使用的手机产品甚至随身携带的音乐播放器设备都集成了视频拍摄的功能。到底什么样的相机才是我们需要的，适合视频拍摄使用呢。

想要拍摄出大片感的视频，首先要从了解一些视频拍摄的基本概念开始。从拍摄前的准备开始，包括需要准备的器材、辅助器材等都要从头计划，当一切准备就绪后，我们会告诉你怎么打开视频拍摄的大门。

数字单反相机进行视频工作的原理并不复杂，可以简单归纳为以下过程，光线通过镜头投射在相机的 COMS 感光元件上，将 COMS 上的光学信号转换为数字信号，相机将数字信号编码为高质量易于存储的数字视频格式记录到存储卡上。

我们想要拍出高品质大片感的高清视频，最终得到的高质成像效果才是我们选择相机的决定因素。

1.1.1 画幅

画幅指成像单元的尺寸。在 135mm 相机系统中（包含单反和旁轴等）标准的尺寸是 24mm×36mm，这也就是传统 135mm 胶卷的尺寸。

我们可以简单地把画幅理解为高清视频单反相机中的感光元件的尺寸大小。

在数码相机领域，由于大尺寸的成像单元（CMOS 或者 CCD）制造成本较高，因此在民用或者准专业领域使用了比较小的成像单元。高端机型使用了和传统胶片一样尺寸（24mm×36mm）的成像单元（CMOS 或 CCD），我们把这样的机型称为全幅相机或全尺寸相机，如图 1-1 所示。

全画幅

也就是说它的成像元件尺寸与传统 135 相机中所使用的 35mm 胶片相同。虽然各品牌的 COMS 实际尺寸略有差异，但基本上都相当于 35mm 胶片的尺寸。简单而言，使用全画幅的单反相机拍摄的画面，与 35mm 胶片的单反拍摄的图片画面是相同的。

APS-C 画幅

APS-C 画幅小于全画幅。低端机型使用的成像单元小于这个尺寸，一般的数码单反相机使用的成像单元尺寸在 15mm×23mm 左右（各个厂家稍有差异），我们把这样尺寸的单反相机叫作 APS-C 画幅。APS 这个叫法也是来源于传统胶卷领域。APS-C 凭借与传统电影相同的画幅，所产生的视频印象最符合观众的视觉习惯。

APS-H 画幅

APS-H 画幅小于全画幅而大于 APS-C 画幅。这种画幅使用全画幅镜头时需要进行 1.3 倍的焦距换算。相当于，一个 50mm 的标准镜头安装到 APS-H 画幅的机身上，实际焦距为 65mm。总的来说，画幅越大，画面的成像质量越高。选择全画幅的相机可以获得更好的画面效果。

全画幅　　　　　　APS-C 画　　　　APS-H 画幅

（24mm×36mm）（15.0mm×22.5mm）（19.1mm×28.7mm）

图 1-1 画幅尺寸对比图

1.1.2 分辨率

分辨率是一种视频参数，它表明了视频的画面尺寸。数码相机分辨率的高低决定了所拍摄影像最终所能打印出高质量画面的大小，或在计算机显示器上所能显示画面的大小。

1440X1080

480X360

图 1-2 不同分辨率对比效果

如图 1-2 所示，分辨率的差别就是形成画面尺寸的差别。分辨率越高清晰度就越高。当然分辨率越高，所产生的数据体积就越大。

1.1.3 帧速率

帧速率是指每秒钟刷新的图片的帧数，也可以理解为图形处理器每秒钟能够刷新几次。对电影内容而言，帧速率指每秒所显示的静止帧格数。要生成平滑连贯的动画效果，帧速率一般不小于 8；而电影的帧速率为 24fps。捕捉动态视频内容时，此数字愈高愈好。

帧速率也是一种视频格式，用于各种不同的播放条件，分为隔行扫描和逐行扫描。目前的高清视频单反相机都使用 CMOS 作为成像元件，基本上都采用逐行扫描的方式记录画面。主要有以下几种帧速率：24p、25p、30p、50p 和 60p。

其中 p 代表逐行扫描，也就是一个完整的画面。而 p 前面的数字代表着一秒钟记录的画面数量。也就是说 24p 就代表一秒钟记录 24 个完整的画面。

24p 是来源于电影拍摄的。电影正常拍摄速度是一秒钟 24 格，也就是一秒钟记录 24 个完整的画面。所以采用 24p 的方式拍摄，方便后期制作转换成电影。

25p 是 PAL 制式的格式，以适合 PAL 制电视播出系统。中国和欧洲都是采用 PAL 制播出的技术标准。

30p 是 NTSC 制式的格式，以适合 NTSC 制电视播出系统。

DSLR 相机帧速率

DSLR 相机拍摄的素材由全帧图像组成，因此它们更类似于传统电影。目前大多数静物数码相机内可使用的帧速率为 20 ～ 30fps，但某些 DSLR 相机能够以高达 60fps 的帧速率拍摄全高清视频。所以它也可用于拍摄慢动作序列。人眼可见以 24fps 和 30fps 拍摄的素材之间的区别。20fps 太慢，无法拍摄出令人满意的快速运动的主体。

数码帧速率受限于技术因素，它主要依赖于相机传感器内置的输出通道的数量。具有多个输出通道的传感器价格会更高，但它们可以同时使用所有通道更快地记录图像数据。因此价格便宜的相机的最大帧速率通常较低。为了以 60fps 的速率拍摄全高清，至少必须有 4 个输出通道，这一特性目前只有超高端的 DSLR 相机才提供。

某些相机根据所拍摄的图像大小限制帧速率，对于大多数主体而言，较小的图像尺寸通常更适合较低的帧速率。无晃动的 HD 序列比有晃动的 FULL HD 序列显得更自然。

回放帧速率

视频和电视回放的帧速率取决于所使用的回放技术，而数字视频回放的帧速率根据我们所使用的软件不同，多少可以随意调整。在处理视频素材时，重要的是要针对所选择的回放设备选择最适合的帧速率。为了获得最佳回放效果，可能必须要改变帧速率，这通常涉及使用编辑软件重新取样整个系统。

数码回放不受限制。如果 DSLR 相机能够以 30f/s 的帧速率拍摄，则可以以 30fps 回放素材，而不必像通常视频制作中那样先把它转换到较低的速率，并以合适的速度回放所记录的素材。

1.1.4 数据格式和数据压缩

视频编码器

视频数据存储分两个步骤。首先用编码器把记录的数据编码为指定的格式。每种记录设备有其自身的编解码器。要在设备上回放记录的素材，设备也必须支持相机的编解码方式。

存储

SD 卡，安全数码卡，是一种基于半导体快闪记忆器的新一代记忆设备，它被广泛地于便携式装置上使用，例如数码相机、个人数码助理（外语缩写 PDA）和多媒体播放器等。SD 卡的容量差别不仅取决于卡内存储模块的尺寸和类型。而且与访问卡上数据所使用的文件系统有关，如图 1-3 所示。

CF 卡（Compact Flash）最初是一种用于便携式电子设备的数据存储设备。作为一种存储设备，它革命性地使用了闪存，于 1994 年首次由 SanDisk 公司生产并制定了相关规范。当前，它的物理格式已经被多种设备所采用，如图 1-4 所示。

图 1-3 SD 卡   图 1-4 CF 卡

1.2 拍摄器材的准备

每种相机都有其自身的优缺点。选择时，我们主要从性能、操控性、应用层面和价格这几个方面考虑。下面列出一些主流的视频单反相机供大家比较参考。

1.2.1 单反相机

单反相机是目前市场上最具性价比的相机，呈现的画质远超普通的数码相机，且现在随着技术的快速发展，单反相机的市场价格也不再高不可攀，同时单反相机的高像素以及专业的设置也为后期的修饰工作留下了很大的操作空间，对于一些简单的视频拍摄来说，单反相机实属理想选择。

用单反拍摄视频具有以下几个特点：

1、单反相机拥有丰富的镜头群，能充分发挥不同焦段和特殊镜头的表现效果；

2、配合大光圈镜头可以实现美丽的虚化效果；

3、小巧方便，与传统的摄像机相比单反相机更便于携带和操作。

目前市场上可以拍摄高清视频的主流相机：

佳能品牌：600D、60D、7D、5D Mark Ⅱ、5D Mark Ⅲ，佳能这几款相机涵盖了入门级、中端、高端，但是每一款都可以提供优质的视频拍摄功能，如图1-5所示。

图 1-5 佳能数码相机系列

● 提示：高品质的相机带来的是高度清晰动人的画面效果，如图1-6、图1-7所示。

图 1-6 佳能 5D 拍摄图片欣赏

图 1-7 高清相机拍摄画面

尼康品牌：尼康 D4、尼康 D800、D600、D90、D5100、D3100。

当然还包括索尼、宾得等厂家的多款相机。目前市场上的单反相机不论是入门级还是专业级的，所拍摄的视频的画质是相当优异的，如图 1-8 所示。

图 1-8 尼康相机系列

1.2.2 镜头

当决定了机身的型号之后，下面我们来看一下镜头的选择。

对于拍摄不同的场景，所选择的镜头焦段也需要相应改变。对于绝大多数的拍摄，使用 35 ～ 85mm 之间的焦段即可。而拍摄比较广阔的场景时需要用到广角镜头，从而使画面中涵盖更多的内容；拍摄局部特写或者需要压缩背景时则需要用到长焦镜头；另外对于一些需要表现夸张场景的片段需要用到鱼眼镜头。当然目前市场上镜头的种类十分齐全，具体的操作和应用还要根据拍摄的主体以及场景来决定。

广角镜头

广角镜头的焦距短，视角大，能拍摄到较大面积的景物，如图 1-9 所示。在视频拍摄过程中，广角镜头能获得以下几种画面效果：

1. 可以适当地增加画面的纵深感；

2. 可以涵盖更多的内容让画面更充实；

3. 画面中容易出现透视变形和畸变，巧妙应用它的特点可以在视频拍摄中更好地突出主题，如图 1-10 所示。

● 提示：广角镜头增加了整个画面的纵深效果带来信息丰富的画面

图 1-9 尼康广角镜头

图 1-10 广角镜头拍摄画面效果

标准镜头

标准镜头指的是焦段在 **50mm** 左右的摄影镜头，如图 **1-11** 所示。标准镜头和人眼的视角差不多，在视频拍摄时给人以纪实的画面效果。标准镜头也可以成为很好的标准视频拍摄镜头，它们覆盖的视野范围非常类似于人眼，所拍摄的画面显得很自然，产生的透视效果也不会像广角透视那么强，如图 **1-12** 所示。

图 1-11 佳能标准镜头

图 1-12 标准镜头拍摄的画面效果

长焦镜头

长焦镜头的焦距长，视角较小，并且长焦镜头产生的畸变小、景深小，可以轻松实现虚化效果。在视频拍摄中长焦镜头通常用来压缩画面背景，突出主题或者用来拍摄局部特写，如图 1-13 所示。

长焦镜头压缩场景，使各个对象之间的距离显得更小，如图 1-14 所示。这种效果在拍摄影片时尤其是在拍摄电影动作画面时，使演员显得更靠近现场。

图 1-13 佳能 100mm 长焦镜头

图 1-14 长焦镜头拍摄效果

变焦镜头

变焦镜头是在一定范围内可以变换焦距，从而得到不同宽窄的视场角、不同大小的影像和不同景物范围的照相机镜头。变焦镜头在不改变拍摄距离的情况下，可以通过变动焦距来改变拍摄范围，因此非常有利于画面构图。一个变焦镜头可以担当起若干个定焦镜头的作用，如图 1-15 所示。

图 1-15 变焦镜头

图 1-16 变焦镜头变焦效果

选择变焦还是定焦镜头

变焦镜头毋庸置疑拥有方便和价格便宜等许多优点，足以应付许多拍摄情况下对镜头的要求。可以节省取景构图的时间，以避免遗落许多精彩场景，如图 1-16 所示。但变焦镜头很难获得较大的光圈。没有较大的光圈在拍摄中摄影师的许多创作手段将无法得以实现。

定焦镜头为画面提供了较好的画质和较大的光圈，缺点在于价格和便携性。往往可能需要几只定焦镜头才能涵盖一个变焦镜头的焦段。另外，定焦镜头在使用和运输上都不如变焦镜头方便。

在选择使用变焦还是定焦镜头的问题上，还是应该根据自身对拍摄画面的要求来做灵活的决定。

高端 DSLR 相机配置

1.3.1 DSLR 相机专用视频配件

跟焦设备

DSLR 相机镜头上的对焦环设计用于在曝光前设置焦点，而不是用于视频拍摄期间精确地改变焦点。跟焦设备由安装到镜头对焦环上的齿轮环、用于旋转齿轮环的连接手轮构成。这种配置对焦比使用对焦环更精确、更平滑，如图 1-17 所示。

为 DSLR 相机设计的对焦单元通常安装在带有手柄或者肩带垫的支架上。这种设计不仅更易于把各种配件安装到相机上，而且更易于携带固定到一起的整个单元。

跟焦单元也可用于预设焦点区域，这样我们就可以在所选的两个焦点之间精确对焦，而不必观看对焦轮，如图 1-18 所示。

图 1-17 对焦齿轮

图 1-18 对焦齿轮安装在相机上的效果

　　跟焦设备由可调节的齿轮环组成，连接环安装到镜头的对焦环上，齿轮由手轮驱动，如图 1-19 所示。这种设备更易于快速、平滑而准确地对焦，如图 1-20 所示。

图 1-19 跟焦设备　　　　　　　　　图 1-20 安装跟焦系统后的相机

1.3.2 跟焦的辅助设备

跟焦器

　　跟焦器是单反相机拍摄电影或者视频的时候控制景深的必备单反视频配件，由于单反的优质镜头及可以调整的光圈，视频的虚化背景、突出主题得以实现，如图 1-21 所示。

　　跟焦器改变了旋转对焦环的轴线，通过齿轮带动镜头对焦环工作，方便摄影师操作。跟焦器也提供了一个白色的圆环，可以方便地用可擦写的笔做标记。相机镜头需要加装相应的齿轮环来配合跟焦器工作，而电影镜头上本身有这种齿轮，如图 1-22 所示。

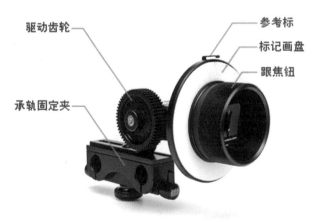

图 1-21 跟焦器

图 1-22 跟焦器安装效果

1.3.3 支撑系统

　　也可称作托架系统。视频单反相机的重量比电影摄影机要轻很多。但如果靠手持拍摄的话，仍然会产生很大的晃动，使整个拍摄过程无法正常进行。所以，我们需要支撑系统让它变得稳定，适合我们的拍摄，如图 1-23 所示。大多视频单反相机的支撑系统都参照电影摄影机的标准，设计为双管系统，管径主要有 15mm 与 19mm，有各种长度。安装过这样的支撑系统，我们就可以方便地增加跟焦器、遮光箱、肩托、手柄等其他附件，如图 1-24 所示。

图 1-23 安装支架后的相机效果图　　　　　　　图 1-24 相机支架系统

1.3.4 液体变焦驱动设备

液体变焦驱动设备是专业级配件，它使用液体减震环和杠杆组合使镜头变焦，这样变焦比用内置的变焦环更平滑、更精确。

1.3.5 外置监视设备

DSLR相机视频爱好者最重要的配件是安装在支架上的外置监视器，如图1-25所示。亮度高的大监视器可以自明亮的阳光下观察。与使用相机内置监视器相比，我们能够更好地判断对焦、曝光、框取和构图。高品质的监视器还具有专用的硅胶和曝光显示模式，如图1-26所示。

取景眼罩

在室外或强光下进行拍摄，我们往往很难看清相机显示屏上的画面，这时取景眼罩就很有用。我们可以用一个取景眼罩来隔断环境光线。

取景眼罩有两种，一种只有遮光作用，另一种里面会装有放大镜，可以放大液晶屏上的画面，如图1-27所示。

图 1-25 外置监视设备

图 1-26 安装取景眼罩的相机

图 1-27 相机取景眼罩

1.3.6 拍摄中的重要附件

镜头罩和遮光箱

视频镜头罩被称作遮光箱，可做调整，以适应各种不同拍摄格式、焦距和光圈组合的需要。视频镜头罩通常是简单的折箱式，具有内置的滤镜安装位置，如图 1-28 所示。

图 1-28 装备齐全的数码相机

滤镜

如同摄影中会使用滤镜一样，在摄像过程中滤镜也是摄像师的心仪之选。我们可以把滤镜安装到镜头的滤镜螺纹中，如果使用遮光箱，则可以把滤镜直接插入到内置滤镜槽内。

彩色滤镜和色彩校正滤镜是简单的工具，它们用于改变场景的光照氛围。蓝色滤镜产生冷色调光效效果，而橙色滤镜则有助于使场景变为暖色调。

偏振镜用于降低睡眠或玻璃等光滑表面产生的反光。

灰镜（全称为中灰度密度镜），现在前期使用最多的是灰镜，通过它来减少曝光量，从而达到控制曝光的目的。常见的有 ND2（减少 1 挡曝光）、ND4（减少两挡曝光）和 ND8（减少 3 挡曝光）这几种，如图 1-29 所示。

图 1-29 滤镜

摄影灯

对于需要出售商品的网店卖家们来说,摄影灯确是一个至关重要的摄影设备,在很多场合是非常有用处的。其实,摄影灯在拍摄中是一个非常重要的设备,尤其是在夜间的户外场景下。当在夜晚需要对产品进行户外拍摄时,有了摄影灯,可以扩展数码摄像机的使用范围,而不受光线的局限。

淘宝拍摄灯具,考虑到商家的实际情况,可从实用轻便的角度来选择适合自身的产品,如图 1-30 所示。

光源有很多种,高端专业的镝灯、氙灯等 HID 类,功率可以超过 10kW,白天可以直接 PK 阳光,价格也是超级贵的;一般卤钨灯、三基色荧光灯,从几百瓦到几十千瓦,适合室内人物为主;新型的 LED 光源,功率从几瓦到几千瓦,室内外均适用,特点是节能高亮,同等功率亮度远高于卤钨灯和荧光灯。

拍摄物体,一定要用到这些辅助光源,否则噪点会非常大,光靠后期的处理是不够的。对于不少数码摄像机新手来说,摄影灯似乎是一个多余的没有太大必要的东西,也是最容易被忽视的数码摄像机配件。这也是由于市场上可供选择的摄影灯太少,而且加上摄影灯,数码摄像机的携带不是很方便,让很多用户望而却步。

色温 5500K 白光

色温 3000K 黄光

相机外置 LED 照明灯

色温 7000K 蓝光

图 1-30 摄影灯

脚架

脚架可以分为三脚架和独脚架。

三脚架

一般消费者在购买数码相机的时候都往往忽视了三脚架的重要性，实际上照片拍摄往往都离不开三脚架的帮助，同时对于需要拍摄视频的用户来说脚架的稳定性也是至关重要的。脚架的主要作用就是能稳定照相机，以达到某种摄影效果。三脚架的选择也有很多，购买三脚架其实主要希望它能为拍摄提供稳定的拍摄状态，不过有很多情况会导致三脚架产生不稳定，例如本身使用的是重量较轻的三脚架或所谓的便携式三脚架，在开启脚架时出现不平衡或未上钮的情况，又或者在正式使用时过分拉高了中间的轴心杆等，都会使脚架产生晃动，如图 1-31 所示。

选择三脚架的时候，一定要选择那些稳固的，很多人都为了三脚架的轻便而忽视了三脚架的稳固性，这是舍本逐末。一支既轻巧又稳固的铝合金三脚架对于拍摄来说也是必要的，而且价格也非常便宜。

图 1-31 便携式三脚架

独脚架

与三脚架不同，独脚架并不适合长时间曝光的应用。独脚架的意义在于：在提供相当程度的便携性和灵活性的同时，把安全快门速度放慢 3 挡左右。

独脚架的最大好处在于便携，可以让摄影师节省体力，所以挑选时要注意选择自重轻、承重力好、收缩后长度较短的独脚架，如图 1-32 所示。

使用独脚架来进行视频拍摄，是手持拍摄和三脚架之间的折中选择。电视摄像机及电影摄影机本身重量很大，无法使用独脚架。在使用数字单反相机的情况下，独脚架可在拍摄时使用。

脚轮和脚轮车

脚轮是安装在三脚架底部，让三脚架可以方便移动的辅助工具。使用脚轮，在拍摄中就可以自如移动三脚架和机身。脚轮还可以增加三脚架的稳定性，如图 1-33 所示。

轨道

在电影拍摄中，为了符合人们的视觉感受，保证透视关系的正确，电影中大多使用移动机身方式拍摄。为了保证机身运动的平稳流畅，需要使用轨道作为辅助拍摄工具。轨道的使用比较麻烦，需要先在地面铺设轨道，然后在轨道上架设轨道车，摄影师带着摄像机坐在轨道车上，由助手推动轨道车来完成运动画面的拍摄。这种拍摄方式需要花费较多物质人力，而且当地面不平整或空间较小时，轨道铺设也不方便。视频单反相机的体积小重量轻，可以使用小气的迷你轨道来辅助拍摄，如图 1-34 所示。

迷你轨道可架设在三脚架、地面或桌上等位置进行拍摄，长度通常较短，如图 1-35 所示。

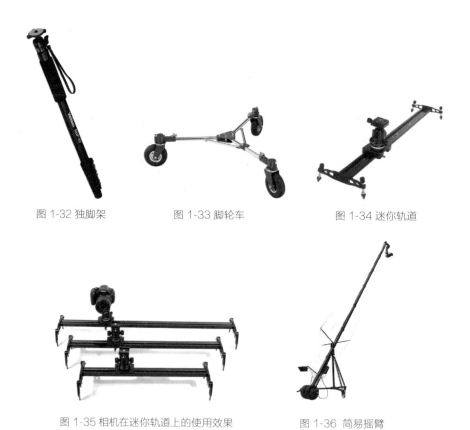

图 1-32 独脚架　　　　　图 1-33 脚轮车　　　　　图 1-34 迷你轨道

图 1-35 相机在迷你轨道上的使用效果　　　　图 1-36 简易摇臂

摇臂

　　大型的摇臂体积重量都很大，需要大量物资人力来完成安装与运输，很不方便。视频单反很轻，我们可以使用小型的摇臂完成其拍摄的协助工作。小型摇臂是可拆卸的，安装简单，可在室内使用。小型摇臂较短，难以获得大型摇臂大范围运动的拍摄效果，如图1-36所示。

车拍器

　　通常我们在电影电视中所看到的车内外镜头，例如两人在车内交谈的画面，是由拖车或车拍器完成的。拍摄视频用的相机小巧轻便，选择小型的车拍器即可完成这部分的拍摄需要，如图1-37所示。

1.3.7 录音设备

　　录音设备与视频拍摄设备密不可分，录音是将声音信号记录在媒质上的过程。

　　视频拍摄过程中，准备一个电容话筒、手挑杆，现场可直接由话筒放大器通过外置声卡进电脑，也可直接使用带48V幻向供电的数字录音设备进行录制。

　　在专业的录音棚中录制声音需要大量的专业设备，包括电脑、调音台、专业声卡、监听音箱、电容话筒、耳机等。这部分内容，我们将在以后的章节做更细致的讲解，如图1-38所示。

图 1-37 车拍器　　　　　　　　　　　　　图 1-38 调音台

经验分享 手机如何拍出大片感

手机拍摄视频最重要的是在你还没有开始拍摄之前，就要计划好你的画面风格，设置好饱和度、对比度、色彩等。为了便于调色，你要拍摄（低对比度）比较平的画面，就是说你要调低对比度，也要将饱和度调低一点，这样能保留更多的细节。你随时都可以在后期增加对比度、调整色彩和高光，但如果拍摄时对比度和饱和度太高，后期很难从原始素材上削弱它们，如图 1-39 所示。

图 1-39 效果图

经验分享 搭建影棚投资的可行性

影棚的获得手段主要有两种：租借和自己搭建

1、租借的影棚多按小时来收费，当然专业的影棚里提供的设备也是专业的，如果你只是进行一次或者为数不多的几次拍摄，租借专业影棚不失为一个节约时间、节约支出的好办法。

2、自己搭建影棚：一个影棚至少需要一台相机、布光设备、布景台、背景墙、录音设备以及一间相对空旷的房间，如果是经常性的拍摄或者是一段周期较长的拍摄，那么自己搭建影棚会比在外租借影棚更加节约成本，而且自己搭建影棚可以根据自己所要拍摄的产品的特性来搭建，布光以及商品的摆放也更加灵活。

当然如果对于成片的要求不是那么高，或者觉得身边的器材已经够用，搭建一个简易摄影棚也是相当划算的。

制定拍摄文案

- 了解要拍摄的商品
- 拍摄时间
- 角色分工
- 拍摄场景计划
- 后期合成计划
- 经验分享——多肉种植拍摄实例
- 经验分享——茶艺拍摄实例
- 经验分享——安排多少场景最经济
- 经验分享——怎么让非专业的模特提高镜头感

2.1 了解要拍摄的商品

虽然即兴拍摄也能做出好的视频，但是详细的前期计划总是会有它的好处的。在做完了拍摄之前的准备之后，这一章我们将会告诉你如何策划一场完美的视频拍摄。

2.1.1 拍摄商品的特点

商品拍摄在于更多地吸引人们的注意力，引起人们对商品的购买欲望，其实用性相当明确，具体地说，一段带有商业性质的视频作品，不管艺术上是多么精湛，只要它缺乏"推销"的力量，在进入消费者的视觉领域后，即便能够引起足够的审美效果，但是如果无法刺激消费者的具体消费欲望或者激发消费者明确的参与激情，就不能算一个好的作品。而且，优秀作品所刺激的购买目的性是非常明确的，也就是具体到商家所指定的某类商品。那么了解所拍摄的商品就成了第一步，如图2-1所示，在了解了产品特点后，为饰品拍摄所选择的模特、环境都很恰当。了解了产品的结构、形状、质地等，才能确定布光、构图等，才能进一步对产品进行拍摄。

2.1.2 了解商品的使用方法

当你了解了一个商品的特点之后就要开始了解它的使用方法，这样在拍摄过程中才能对产品的卖点及使用方法进行更多的展示。如果有说明书那就需要首先从说明书入手。其次，需要对商品的外观进行细致的观察，从各个不同的角度去发掘商品的特性，找到最适合展示的角度再去进行拍摄。最后，去网上搜集一些该商品的具体资料，以及用户的使用心得，这样更加便于了解商品的使用方法。

2.1.3 制定可行的拍摄计划

在商品正式拍摄之前需要制定出一个可行的拍摄计划。它包括拍摄的时间、地点、需要的器材、人员辅助等方面。

拍摄时间：需要提前和模特、摄影师及其他工作人员定下具体的拍摄时间。当然最好是规定在一定的时间内完成拍摄，这样可以减少无谓的人力成本。

拍摄地点：地点最好选择就近的地方，这样可以方便拍摄。其次，选择相对安静的地方，以防拍摄进度被打乱，当然具体的地点还要根据拍摄的主体来定，选择不同的场景来表现不同的拍摄效果。

图 2-1 商品拍摄图例

2.2　拍摄时间

　　室内的拍摄可以不受时间的控制，只需要将灯光、背景、道具等准备好即可。如果是在户外拍摄，就要考虑到拍摄的地点、场景、具体时间，根据所要拍摄商品的特性进行调度，早晨和傍晚的阳光光线柔和，天空就像是一个巨大的柔光箱，且色调偏暖，再结合外拍灯等装备进行拍摄。正午的阳光光线硬，阴影重，需要反光板以及外拍灯等进行辅助拍摄。当然拍摄的时长也要受到控制，模特和摄影师的酬劳都是和时常挂钩的，所以在最短的时间内拍到满意的效果是最理想的结局。

　　如图 2-2 所示，选择在光线投射角度不是很高的时间拍摄，如正午的日光，光线入射角太大，投影变得很短，不利于人物或景物的造型。而太阳升起后或者落下之前的 2 ～ 3 小时的时间里，如图 2-3 所示，光线的投射角度适中，无论是光线的造型还是阴影的长度，都比较适合人物与景物的造型。

　　掌握了时间的规律，可以帮助我们更好地控制画面的内容和影调。

图 2-2 正午光效

图 2-3 傍晚光效

2.3 角色分工

视频拍摄过程中一定要做好人员分工，各司其职才能有条不紊地进行拍摄。

导演：负责整个视频拍摄过程的进度，调度现场人员，使视频的拍摄变得更加有效率，如图 2-4 所示。

图 2-4 导演

摄影师：负责商品的拍摄工作，当然前期的拍摄计划制定、道具和商品的摆放以及后期的道具还原工作也由摄影师来负责。在视频的拍摄过程中，摄影师责任重大，需要随时做出调整，以获得完美的画面。

模特：如果拍摄的商品需要模特配合的话，模特需要对商品进行展示或者用来突出商品。拍摄前选择适合本次商品拍摄的模特至关重要，模特的经验对于拍摄能否顺利完成起到重要作用。模特的选择和妆面在拍摄中也十分重要。

选择的模特需要衬托商品的气质，所以在选择模特时需要慎重；同时，模特的妆面切勿太浓，以免喧宾夺主，除非是为了特殊的拍摄需求，如图 2-5 所示。

助理：负责协助现场工作人员的工作。

后期人员：对拍摄完成的视频进行剪辑、添加效果，达到最终的效果。

场记：负责现场拍摄的每个镜头的详细情况：镜头号码、拍摄方法、镜头长度、演员的动作和对白、音响效果、布景、道具、服装、化装等各方面的细节和数据详细、精确地记入场记单，如图 2-6 所示。

化妆师：负责模特的妆面并且在拍摄过程中需要给模特补妆。在视频拍摄过程中，化妆师也需要随时注意到模特的妆面，必要的时候需要及时补妆，如图2-7所示。

图 2-5 模特

有些工作在拍摄过程中需要助理人员的配合，如道具的摆放以及拍摄过程中需要配合摄影师拍摄的部分。

图 2-6 场记工作

图 2-7 妆面示例

当然上述的所有人员也可以身兼数职，比如摄影师也可扮演导演的角色对现场的拍摄进行调度，化妆师也可以在完成工作之后辅助其他人员展开工作。

2.4 拍摄场景计划

如果是在影棚拍摄视频，需要考虑到灯光的布置、商品的摆放以及布景台和背景墙的装饰等。提前对场景进行规划，能够更加有效率地展开后期的拍摄工作。在正式开始拍摄之前，商品和道具就应摆放整齐，背景、灯光等也需要检查一遍，如图2-8所示。

图 2-8 道具摆放

即便是在室内，一段视频的拍摄基本都是由很多个场景变化组合而成的，所以每一个场景用什么镜头，采用什么表现方式以及灯光摆放、道具布置等都需要做相应的调整。

比如在影棚内拍摄女装，首先你需要大致设定出几个场景，比如模特穿衣全身展示的场景、半身展示的场景、局部特写的场景等，再合理地将这些拍摄场景放在视频拍摄中能够更加全面地展示商品，如图2-9所示。

图 2-9 女装效果图

　　一件同样的衣服，首先模特需要变换姿势来进行多方位的展示。其次景别也需要变化，衣服的细节特写，半身拍摄以及全身都需要涉及。最后，拍摄中，灯光的布置也需要变化，因为灯光的位置会影响衣服的质感表现。

　　如果是在户外拍摄，需要考虑到天气情况、拍摄时间、拍摄地点，提前对场景进行布置。把需要摆放的道具提前放在相应的位置，最重要的是场景的选择一定要和主体相呼应或者起到突出主体的作用，如图 2-10 所示，拍摄颜色较为亮丽的衣服，选择在晴天拍摄，更能衬托出衣服的特点。结合模特着装风格相应地选择合适环境拍摄才是明智之举。户外的视频拍摄所受到的制约条件要小于室内，并且可以取景的地方也要多过室内，所以室外拍摄合理地选取场景以及拍摄过程中是否需要变换场景、需要变换几个场景都需要提前规划。

图 2-10 户外拍摄

　　如果是在室外拍摄女装，在展示了全身、半身、局部特写之后，我们还应该考虑是否应该多加入几个场景来使得我们的视频画面更加丰富。比如说，在全身的展示部分我们可以选在公路上，而到了半身展示的时候我们可以换一个场景，将模特安排到一个树荫下继续进行拍摄，如图 2-11 所示。常规的视频拍摄过程中由于受到各方面比如时间、场地的限制，一般将场景安排在个位数即可，5 个左右的场景已经完全足够去展示一个商品，要根据具体的商品情况来决定。

图 2-11 树荫下拍摄

 后期合成计划

　　如果条件允许的话，后期的合成以及修整需要交给专业的后期人员，如果是自己去做后期，需要根据前期的拍摄以及事先计划的拍摄效果对其进行剪辑和添加效果，需要做到画面和谐、突出商品。

经验分享　　多肉种植拍摄实例

　　多肉植物种植视频拍摄，在开始正式的拍摄工作之前，我们需要制定一套可行的拍摄文案。下面我们简单介绍一套简单的拍摄思路，仅供大家参考，具体的拍摄方案可以根据自己的展示需求进行调整。种植好的多肉拍摄效果，如图2-12所示。

给视频一个5到10秒的开头，可以把场景定格在一幅种植完成的多肉效果上，阳光下的多肉盆栽温馨可爱。随后镜头转移，固定镜头保持3秒左右开始展示种植多肉的工具等，如图2-13所示。

图2-13 种植工具

接下来，用推镜头的手法，逐步把镜头推到花盆上，固定好拍摄画面，开始拍摄种植过程。拍摄中为展现多肉可爱动人的细节之处，我们可采用开大光圈的方法虚化掉背景环境，突出多肉植物的娇嫩细节以吸引消费者，如图2-14所示。

图2-14 种植过程

经验分享 茶艺拍摄实例

茶艺视频拍摄，在开始正式的拍摄工作之前，我们制定好可行的拍摄计划，理清拍摄思路，准备好拍摄所需的设备即可开始。视频拍摄开头先给 5 秒钟整体展示拍摄环境、茶具用品等。拍摄中如有现场配音，应事先与茶艺师做好流程同步的沟通工作，另外如采用机内录音，也应避免周围嘈杂环境的干扰，如图 2-15 所示。

图 2-15 茶具茶叶展示

泡茶是一个连续的过程，拍摄过程中只要固定好机位，稳定画面拍摄即可。此过程拍摄时间长度，视茶艺冲泡时间长短而定。拍摄中茶艺师可能出现操作错误的情况，此时拍摄者应与茶艺师及时交流，重新拍摄，并在后期制作中对错误步骤进行剪辑处理。部分场景如图 2-16 所示。

图 2-16 茶艺操作

经验分享 安排多少拍摄场景最经济

拍摄的场景需要根据具体的拍摄计划来决定，但绝对不是越多越好，过多只会让顾客感到视觉疲劳，最理想的是用最少的场景最全面地来表现商品，拍摄只要能充分表现商品特点即可，在有限的场景中，全方位地展现商品的特性及卖点。在一段几分钟的视频中，五个左右的场景已经足够展示商品了。

经验分享 怎么让非专业的模特提高镜头感

优秀的模特在面对镜头时轻松自如的表现是经过长时间的揣摩和积淀所形成的，对于非专业的模特，掌握一些要诀也能够轻松、快速地展示出风采。突出曲线，避免直立。挺胸收腹，提升气质，体态轻盈，避免深坐避免手臂正对镜头。蹲姿要挺腰，跪姿更优雅，躺姿要避免过于随意，脚尖变化让画面更轻盈，注入情绪的表情最动人，如图 2-17 所示。

图 2-17 示例图

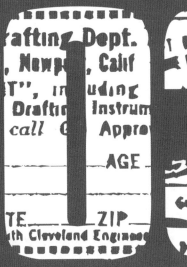

拍摄技术

- 视频拍摄的菜单如何设置
- 预置风格档的使用方法
- 运用白平衡拍摄出好色彩
- 光圈和景深
- 曝光控制
- 拍摄姿势
- ISO 控制
- 快门控制
- 焦点与焦距控制
- 场面调度
- 镜头的移动和稳定

视频拍摄的菜单如何设置

摄影师都希望自己拍摄的画面效果与众不同，有明显的个人风格，能够创造性地表达自己的艺术主张。巧妙地使用 DSLR 相机的强大功能配合我们自己的想法，精彩的视频就会这样产生。下面，我们就以 5D Mark III 为例，了解一下这款相机都有怎样的设置可供我们在视频拍摄中运用操作，如图 3-1 所示。

3.1.1 实时取景时显示的信息

01 光圈值

02 快门速度

03 曝光补偿

04 图像记录画质

05 图像 / 回放用存储卡

06 走动亮化优化

07 照片风格

08 白平衡

09 驱动模式

10 拍摄模式

11 自动对焦模式

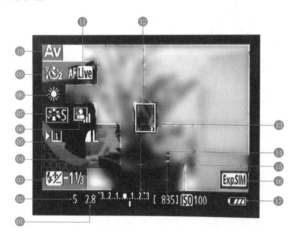

图 3-1 5D3 实时显示画面

12 自动对焦点　　15 ISO 感光度

13 曝光量　　　　16 曝光模拟

14 可拍摄数量　　17 电池电量检测

3.1.2 视频制式的设置

　　每个国家和地区所采用的视频制式是不同的。拍摄完成的短片、广告、微电影等通常会在电视上播出，这就需要设置视频制式。如果选择错误的视频制式，影片在播放时，将会出现比例变形等不正常现象，所以在拍摄之前一定要正确设置视频制式，在"设置3"菜单中，选择"视频制式"选项，可以选择 NTSC 或 PAL 制式，国内应选 PAL 制式，如图3-2所示。

3.1.3 时间码的设置

　　时间码是管理短片记录时间的功能，将时间信息添加到短片数据中。活用时间码能够在编辑多台相机所拍摄的短片时同步短片，提高工作效率。时间码的记录方式有两种，"记录时运作"只在短片拍摄期间计时；"自由运作"不管是否正在拍摄，时间码都在计时。使用几台相机从多个机位同时拍摄时，建议设置为"自由运行"，以便于后期剪辑快速对位，如图3-3所示。

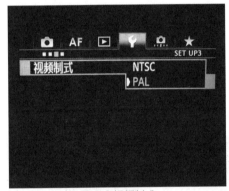

图 3-2 视频制式

图 3-3 时间码

3.1.4 短片记录尺寸的设置

　　把相机上的"实时显示拍摄 / 短片拍摄"开关拨动到摄像挡后，"拍摄4"菜单和"拍摄5"菜单中将会增设一些短片和拍摄相关的功能设置。拍摄前可以按照自己的短片用途、所处国家或地区、存储卡的容量等进行选择，如图3-4所示。

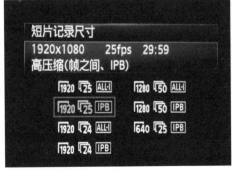

图 3-4 短片格式

3.1.5 同步录音功能的设置

同步录音功能用于设置在短片拍摄过程中是否启动录音功能，建议设置为"开启"状态。同步录音功能能够帮助我们记录和回忆现场情形，在后期剪辑时，可以此作为参考依据进行重新配音、配乐。录音包括"自动""手动"和"关闭"3个选项，通常设置为"自动"即可，如图3-5所示。

EOS 5D Mark III 内置了单声道音频录制功能，但是用内置麦克风时也会收录到图像稳定器、自动对焦马达、合焦提示音声等操作声音。在短片拍摄时，最好还是通过 MIC 接口外接 3.5mm 立体声插头的外接麦克风，来实现立体声录制声音。外接指向性麦克风的方向性更强、录音更加清晰，防风罩设计也能够有效地避免收入周围的杂音。更重要的是，可以在短片中录制充满现场感的立体声声音。

3.1.6 手动设置录音音量

EOS 5D Mark III 录音设置中的"手动"适合高级用户，选择此项设置之后，可以进行电瓶64级调节，能够非常方便地固定声音音量的大小。在不希望随着环境变化，声音忽大忽小、起伏不定时，可以把录音设置为手动。此外，在室外大风环境中拍摄时，还可以启用风声抑制功能。这样，风的噪声将被减弱。需要注意的是，某些低音可能也会被削弱。在没有风的场所拍摄时，建议设置为"禁用"，以录制更自然的声音。

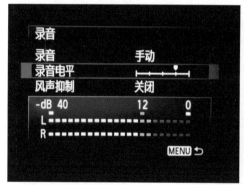
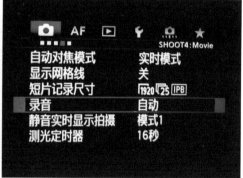

图 3-5 录音画面信息

3.2 预置风格挡的使用方法

标准：这是一种适用于大多数场景的通用风格。画面显得鲜艳、清晰、明快，色彩浓度和锐度都稍高。

人像：能够再现女性及儿童肌肤色彩以及质感，拍摄时更凸显人物的红润细致肤色，让肌肤看起来更加柔滑、明亮。

风光：锐度和对比度都比较高，用于拍摄鲜艳的蓝色和绿色及清晰明快的画面。

中性：这种风格适用于拍摄自然和柔和的画面，对比度和色彩饱和度较低，和其他风格比起来不易产生高光溢出和色彩过饱和的情况，适合明暗对比强烈的场合。

可靠设置：这种风格在白天拍摄时，可用相机根据主体颜色调节色度，画面会显得阴暗柔和。适合需要还原物体本身色调的拍摄需求。

单色：它有着和黑白胶卷相似的色调。还可通过调整色调效果来实现褐色、蓝色、紫色，绿色等单色效果。

转动主拨盘选择想要的风格挡，即可以实时地监看并拍摄风格化后的视频。在使用每种风格时，我们需要根据具体的情况，转动速控盘调整"锐度"、"反差"、"饱和度"和""色调"四项设置，达到满意的效果，如图3-6所示。

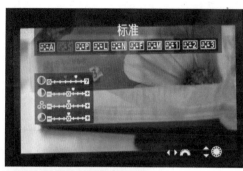
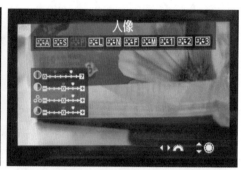
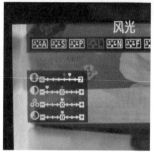
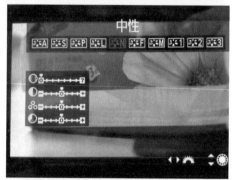

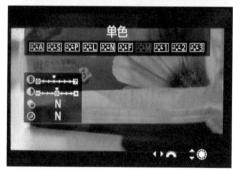

图 3-6 相机不同风格挡设置

运用白平衡拍摄出好色彩

通常我们在进行视频拍摄时，并不仅仅需要正确地还原色彩，创造性地使用色彩也是在为我们的影像创作服务。

3.3.1 白平衡

白平衡的基本概念是"不管在任何光源下，都能将白色物体还原为白色"，对在特定光源下拍摄时出现的偏色现象，通过加强对应的补色来进行补偿。

各种白平衡下的照片所产生的偏色显示出补偿时的补色。使用胶片相机时，为了对这些偏色进行补偿，拍摄时要使用各种彩色滤镜。数码相机的基本原理与其类似，白平衡功能就相当于彩色滤镜。但在彩色滤镜中并没有类似"自动白平衡"的滤镜，在这一点上两者有很大区别。一般使用时选择自动白平衡（AWB）就足够了，但在特定条件下如果色调不理想，可以选择使用其他的各种白平衡选项。

白平衡是描述显示器中红、绿、蓝三基色混合生成后白色精确度的一项指标。白平衡没有缺陷的显示器，在改变色彩及亮度时不会影响白色纯净度，也就是说不会出现偏色，更不会有其他的杂色掺杂其中，因为对于一台高档大屏幕专用显示器而言，哪怕是很微小的"偏色"都会影响画面的色彩质量。

许多人在使用数码摄像机拍摄的时候都会遇到这样的问题：在日光灯的房间里拍摄的影像会显得发绿，在室内钨丝灯光下拍摄出来的景物就会偏黄，而在日光阴影处拍摄到的照片则莫名其妙地偏蓝，其原因就在于"白平衡"的设置上。

3.3.2 设置白平衡

人类的视觉具有非常敏感的色彩平衡系统。如果从明亮的太阳下移动到光线较暗的室内，我们的眼睛会自动进行补偿。然而，如果我们关闭机内的自动白平衡，拍摄室外画面后再拍摄室内画面，这时图像色温的改变会非常明显。

每种光源都有它自己的颜色，或者称"色温"，从红色到蓝色，各有不同。蜡烛、落日和白炽灯发出的光线比较接近于红色，它们在画面中呈现的光线色调就是"暖调"的；而相对地，清澈的蓝色天空则会让画面中呈现蓝色的"冷调"。

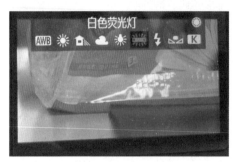

图 3-7 不同白平衡的设置效果

相机的白平衡控制，是为了让实际环境中白色的物体在你拍摄的画面中也呈现出"真正"的白色。不同性质的光源会在画面中产生不同的色彩倾向，比如说，蜡烛的光线会使画面偏橘黄色，而黄昏过后的光线则会为景物披上一层蓝色的冷调。而我们的视觉系统会自动对不同的光线做出补偿，所以无论在暖调还是冷调的光线环境下，我们看一张白纸永远还是白色的。但相机则不然，它只会直接记录呈现在它面前的色彩，这就会导致画面色彩偏暖或偏冷。

正是这样。只要保证白色的物体在画面中呈现出准确的、没有偏色的白，那么画面中所有的其他颜色也会得到准确地还原。通过特定的按钮或者菜单项，你的相机提供了相应的控制，让你可以调节白平衡设置，来与当前实际的光线条件相匹配，如图3-7所示。

在一系列白平衡设置中，一开始，可能很难决定该使用哪一种。在大多数情况下，默认的自动白平衡（AWB）设置都能为你带来不错的效果。不过，就如同其他所有自动设置一样，自动白平衡也有它自己的局限性。只有在一个相对有限的色温范围之内，它才能够正常工作，而且在夜晚的室内拍摄时，它常常会使画面偏橘黄；而在黎明时分拍摄时，它也会使画面偏蓝。对于这一点，相机的生产商们也非常清楚，所以除了自动白平衡，相机中还会提供一系列白平衡预设，来应对更多特定的光线环境。

3.3.3 白平衡漂移

白平衡漂移最重要的作用是调整机身的偏色。每台单反相机都存在一定的偏色。白平衡漂移就是用来修正这样的情况。在视频拍摄中，我们可巧妙地利用白平衡漂移来获得特殊效果，为我们的视频拍摄提供创意画面效果。

如图3-8所示，利用白平衡漂移，使相同环境下的同一商品呈现出了不同的画面效果，色温较低的画面给人温暖安逸、宁静温馨的感受，正常色温下得到的画面又富有丰富的层次效果，色彩变化细致，耐人寻味。而色温较高的场景，给人清新、理智的视觉感受。

这便是不同白平衡条件下，我们通过技术手段营造的不同视觉体验。

图 3-8 白平衡漂移效果

光圈和景深

要用 DSLR 相机拍摄出大片感的效果，大传感器能够产生的浅景深是最大的影响因素。很多情况下要求使用较大的景深。

光圈的大小决定了可用的景深，影响了场景的最终效果。因此，我们可通过调整快门速度或者 ISO 值来控制曝光。传感器大小、焦距、所用的光圈和主体距离组合起来决定场景内景深的精确范围。理解了这些关系就能精确控制焦点。

对于自身深度不大的主体，在照片模式时可以简单地在主体上对焦。如拍摄人物，最佳的对焦方法是在其眼睛上对焦，这样可以确保其从鼻翼到后脑部分的清晰度。

如图 3-9 所示，左图使用较小的光圈对焦，镜头焦距设置为其超焦距离，清晰区域的深度足以覆盖前景到无限远处的其他细节。右图使用较大的光圈对前景对焦，产生的景深很有限。

景深不是照片清晰与模糊区域的分割线，场景内清晰区域之外的区域不会立即变得模糊不清。从清晰区域到非清晰区域的过渡是渐变的，清晰区域越大，场景内的其他区域的模糊程度就越轻。减小光圈往往会使这种效果减轻。

图 3-9 景深对比效果图

曝光控制

在学习曝光控制内容之前，让我们先对镜头光圈和快门定义做了解。

3.5.1 光圈

光圈是由放置在镜头中的一组相互重叠的小叶片组成的，这种相互重叠的小叶片组成一个多边形或者圆形的小孔，叶片越多孔径就越圆。

光圈的孔径

小叶片所围成的孔径的大小决定了进入镜头内的通光量，这也就是我们所说的光圈的大小。光圈孔径都对应着一个光圈值，这个光圈值越大，光圈孔径越小。反之，对应的光圈孔径越大。

手动光圈的重要性

多数的家用数码摄像机的光圈都是由电路控制的，只有那些中、高端摄像机的光圈是由拍摄者自己控制的。有的光圈的设置是在机身的外部进行，而有的是在数码摄像机的菜单中进行。光圈的手动控制功能能为拍摄者提供更多的发挥空间，通过对光圈的调节可以使用户拍摄的画面得到不同寻常的效果。

光圈的作用

光圈的调整可以改变图像的亮度。光圈开得越大，进入画面的光线就越多，画面就越亮；光圈开得越小，进入画面的光线越少，画面就越暗。

光圈除了能够控制镜头通光量以外，另一个重要的功能就是控制画面的景深。所谓景深就是画面中被摄主体前后能够清晰呈现在画面上的范围，用户只有能够自己控制这种光圈的大小，才能更主动地控制画面的景深范围。光圈值越大，画面中景深范围越大；光圈值越小，画面中景深范围就越小。

3.5.2 快门的定义

快门英文名称为 Shutter，是摄像机上控制有效曝光时间的一种装置。快门的速度是数码摄像机的重要参数，各个不同型号的数码摄像机的快门速度并不相同，所以在使用不同的摄像机进行拍摄时，一定要注意区别，以保证曝光准确。

快门速度

真正决定通光量的是快门速度，通常快门速度的范围越大，表明摄像机的品质越高。普通数码摄像机的快门大多在 1/1000 秒之内，基本上可以应付大多数的日常拍摄。快门不单要看"快"还要看"慢"，比如有的数码摄像机最长具有 16 秒的快门，用来拍夜景足够了。

慢速快门的运用

快门速度除了能够控制通光量以外，另一个功能就是控制画面中运动景物的动感。高速快门能够清晰地反映画面中景物的原貌，而且被摄景物也能保证其锐度和清晰度，而慢速快门拍摄的景物则是模糊的，模糊的程度和快门速度相关。

在所有数码摄像机上都存在两种曝光控制方式，一种是自动曝光控制，另一种是手动曝光控制。而所谓的曝光就是使我们拍摄的图像在画面中的明暗对比和表面的亮度符合日常生活中的视觉习惯。我们所做的各种控制也是以这个要求为依据的。

在拍摄中常会听到曝光不足、曝光过度、曝光正常这三种说法。

设置自动曝光

现在的数码摄像机上都有一个自动曝光的控制钮，有的是在转盘上的绿色方框，而有的则是在机身上，有的在菜单中设置。只要使用了这种自动曝光模式，拍摄者就可以不再担心曝光不正常的问题了。

设置手动曝光

而手动曝光就稍微复杂一些，首先要切换到手动曝光模式，然后通过控制光圈或者快门速度来改变曝光量。

用光圈调整曝光

调整光圈主要是调整通过镜头的进光量，光圈值越小进光量愈大，光圈值越大进光量愈小。需要提醒大家的是，相邻的光圈之间进光量相差一倍，曝光量也会相应地增加或减少。

用快门调整曝光

调整快门的速度是通过改变光线进入镜头的时间来对曝光量进行控制的。在光圈不变的情况下，快门速度越高，画面就会越暗，快门速度越低画面也就越亮。所以在控制曝光量的时候，要相应地增加或减少光圈。

3.5.3 控制曝光

对曝光的控制就是对拍摄画面明暗的控制。适当的曝光，可以记录下画面丰富的层次细节，色彩层次鲜明，适合观众的视觉感受。而曝光不足就会丧失画面中的细节，影响观众的观看体验。

我们通过光圈、快门和ISO来控制曝光。光圈越小，镜头进入的光线就会越多，画面就越明亮。而光圈越大，画面就越阴暗。

快门速度越慢，得到的画面就越明亮。而快门速度越快，得到的画面就越阴暗。ISO越高，得到的光线就越明亮。而ISO越低，得到的画面就越阴暗。

曝光的控制其实就是调整者三者之间的关系，使得它们互相配合，得到合适的曝光。值得注意的是，视频拍摄的曝光控制与图片拍摄的曝光控制是有所不同的。

图片摄影时，我们在大多数情况下只对于每一张图片单独来考虑曝光的问题，而在视频拍摄时，我们必须考虑整部影片拍摄时的视觉和谐统一。这种视觉统一包括很多方面的问题：同一场景应使用相同的快门速度和ISO；相同位置在一系列视频镜头中亮度和色彩的统一；相关视频镜头中景深的统一等。这些因素都会影响我们对曝光的控制。

曝光的控制并没有固定的方法，完全依照摄影师的经验来完成。视频拍摄时，快门速度与ISO必须被限定在一定范围之内，而光圈也会受到景深的限制。所以，视频拍摄的曝光控制要比图片摄影的曝光控制复杂得多，难度也更大。

可以根据景深需要来确定光圈，然后根据视频镜头的运动幅度和速度来确定快门速度，最后调整ISO来完成曝光。如果曝光还是不准确，就必须使用滤镜来减弱光线或是使用灯光来加强光线了。

曝光的控制没有统一的方法。在拍摄中，我们需要根据现场的实际情况，利用各种光线条件，反复调整这三者之间的关系，来实现预期的效果。

下面我们举一个不锈钢器皿的拍摄实例，来谈一下商品视频拍摄中曝光控制的问题。由于不锈钢器皿的反光现象十分严重，拍摄前应注意对环境的布置，不该出现在拍摄现场的物品应移走，以免影响拍摄。

拍摄中应考虑物品高光处会产生的高反光现象，如图 3-10 所示，不锈钢的锅和勺子，主体的明暗细节都不能丢失，可适当提高画面曝光量，但应注意保留住高光处的细节部分，以体现不锈钢制品光洁的质感。为全面体现产品的整体品质，可使用小光圈以实现较大景深，以充分展现产品整体的样貌。在转换到反光不强的产品时，比如深色的炒锅时应及时调整曝光，降低曝光组合使低反光产品的细节得到表现，又不至于曝光过度失去层次。

图 3-10 不锈钢器皿

拍摄姿势

画面最基本的要求是要保证清晰度。那方法是什么呢？首先就是使用摄像机专用的三脚架，除此以外，人们最常用的拍摄方法就是手持拍摄。

拍摄姿势的要点

1.对相机挂绳进行调整，将挂绳套在脖子上，找到适合的长度。

2.当我们手持相机拍摄时，一只手用来握住镜头，另一只手握住相机手柄。

3.现在的拍摄者很少使用取景器来进行画面的构图，因为在数码相机上出现了一个更为便利的预览窗口——液晶显示器。在使用液晶显示器拍摄时，也要保证手持的稳定性。

除了手持姿势以外，拍摄者还应保证站立姿势的正确性。正确的站姿是双腿跨立，然后将身体的重心置于两腿之间，保证呼吸均匀。双臂靠近肋部，稍夹紧。

4.低角度的拍摄姿势。拍摄低角度画面时常常采用的拍摄姿势，这时保证单膝跪地，另一只脚着地，支撑手放在略高于膝盖的位置上做支撑物，另一只手进行操作。

在拍摄过程中，有时尽管姿势没问题，画面也会产生不稳定的现象。这是很正常的，因为拍摄时间一久，人都会疲劳。这时可以找一些稳定的可以依靠的物体（比如墙壁、树木等）或其他东西来做支撑，以稳定重心，这样才能保证画面不晃动。

● 提示:

● 在使用手持姿势进行拍摄时，手的把握和各个关节的控制也很重要。

● 在各种稳定器中，最常见和最常被使用的就是三脚架。三脚架是一种相机稳定器，它的使用也比较简单，只要保证三脚架水平仪的水平就可以了。

● 一般情况下，使用三脚架拍摄的时候，要保证的是高度和水平。在高度上，要保证与我们拍摄时的高度一致，而且三脚架的水平也要得到保证，以免拍出的画面中景物倾斜。

ISO 控制

3.7.1 控制 ISO

在没有足够环境光线的情况下，我们可以通过提高ＩＳＯ感光度的方法来实现准确的曝光。下面我们将以 5D Mark III 为例进行讲解。5D Mark III 的此项功能非常强大，"实时显示"的状态下，ISO 最高值可达到 6400（打开扩展后可达到 12 800），使得我们在很弱的光线条件下都能获得所需画面。

使用高 ISO 值之后，之前曝光不足的画面变得正常了。但缺点是，当 ISO 数值提升到一定程度之后，画面的质量就会降低，画面的暗部会出现明显的噪点。所以，我们在拍摄中并不能无限制地提高 ISO 数值，而要对它进行控制，在保证曝光准确的情况下，以期望获得更好的画质。

如图 3-11 所示，从两张用来对比的视频截图可见，ISO 在控制曝光中的作用。

图 3-11 ISO 控制对比

在固定的环境和光线条件下，使用相同的快门与光圈，左图中被摄体明显曝光不足，画面显得阴暗，层次缺失较为严重。右图中，为改变画面效果，将 ISO 值由原先的 100 提高到了 1000。在进行这样的 ISO 控制后，被摄体的曝光明显得到大幅度改善，画面层次及细节得到很好的还原再现，而我们所使用的光圈及快门并未发生变化。

3.7.2 ISO 控制案例

受环境光照的限制，在无法提高环境照明度的情况下，想实现高品质的画面效果，又不能使用高 ISO 值，我们该如何操作呢。使用大光圈的镜头是个好选择，如图 3-12 所示，左图使用了最大光圈为 f/4 的镜头，光圈开到最大时画面仍然曝光不足，当使用高 ISO 值时，画面噪点明显。右图中使用了最大光圈为 f/1.2 的定焦镜头拍摄，降低了 ISO 值。可以看出，画面的噪点明显减少很多。

图 3-12 大光圈对降低噪点的作用对比

3.8 快门控制

快门速度

快门速度指的是光线进入相机的速度。一般相机不能手动设置视频快门速度，而是会根据光照条件和光圈自动选择快门速度。仍以 5D Mark III 为例。佳能 5D Mark III 提供了从 1/30 秒到 1/4000 秒的快门速度（实时显示状态下，手动模式或快门优先模式）。所以使用 5D Mark III 拍摄视频时，只能在所给的范围内进行选择。过快的快门速度会使得视频中的运动画面不流畅，影响观感。

为了表现在视频拍摄时，不同快门速度对运动被摄体的影响，我们进行了一些实践拍摄，

图 3-13 不同快门拍摄视频的效果

如图 3-13 所示，分别采用了 30/s、150/s、500/s、800/s 的快门速度进行拍摄。可以看到在 30/s 的快门速度下，运动的被摄体呈现了模糊的状态，随着快门速度的不断增快，运动的被摄体也逐渐清晰起来。

我们的建议是：快门速度不要超过帧速率的两倍。也就是说，使用 24p 和 25p 的帧速率拍摄时，快门速度不要超过 1/50 秒；使用 30p 拍摄时，快门速度不要超过 1/60 秒。如果使用 7D、550D 或 1Ds Mark Ⅳ 等机型进行 720p 拍摄时，那么帧速率设定为 50p 时，快门速度不要超过 1/100 秒；设定为 60p 时，不要超过 1/125 秒，在这个范围内，获得的运动画面是最为清晰流畅的。

焦点与焦距控制

3.9.1 焦点控制

单反相机进行视频拍摄时，浅景深的效果会给画面增添很多精彩之处，但是同时也会出现很多问题。对焦点的难以控制是拍摄视频时易出现的问题。

可以根据拍摄主体进行较为简单的对焦。对于纵深度并不大的主体，可以在主体上对焦；如果拍摄一个人，最好的对焦方法是在人物眼睛上对焦，这样可以保证鼻尖到后脑的部分是清晰的。每支镜头的每个光圈设置都会有一个具体的超焦距离（对焦在远处的某一点，使景深的另一极端恰为无限远，则由无限远到景深范围内最近的摄影距离，称为超焦距离。若先将焦点设为超焦距离，则由超焦距离的一半开始，到无限远处，都落在景深范围之内。在超焦距离之外，所有的对象都会很清晰。

比如相机使用 DX 格式传感器和 28mm 镜头，在 f/2.8 的光圈设定时拍摄，如果对无限远对焦，前景中就会有很大一部分不清晰，给定的设置则会捕捉到从 23m 到无限远的所有的细节。而如果我们把镜头设置为超焦距离，清晰的范围就会是从 11m 处到无限远。在拍摄视频时，如果能够记住超焦距离，那么画面就可以到无限远都能保持清晰。

还有一种避免失焦的方法。在我们确定光圈、焦距和物距三者后，确定构图。将所需实焦被摄物体放大，将相机对焦按钮移至该物体上转动对焦环，调试焦点。

3.9.2 缩短空间感

变焦功能可以缩短空间距离。景物中能够吸引我们的多数是某些细节，放大我们希望看见的这些细节，就能对其产生很深刻的印象。变焦功能就是用来帮助我们达到放大及体现细节的目的的一个功能，可以帮助我们在远处的一定范围内对被摄体影像进行放大。比如有时拍摄花草，希望表现其细部的样子，就可以使用相机上的变焦镜头达到这个目的。而且有时候拍摄动物，它们很怕惊动，因此是很危险的，而用高倍变焦镜头来拍摄就可以在远处得到这些画面，快捷地构图。

变焦功能可以帮助我们很快地找到景物的合适构图，也就是说通过镜头简单的推拉变换过程，便于我们寻找和选择合适的构图，而且这种变化是相当快捷的，如图 3-14 所示，通过镜头变焦从玩具的整体很快切入到细节部分。

图 3-14 变焦效果

控制景深

变焦功能还能帮助我们控制景深，以保证一些杂乱的背景不会影响到被摄主体的体现。其规律是越长的焦距其景深范围越小，背景的虚化效果越明显；相反，越短的焦距其景深范围越大，背景的虚化效果越不明显。

尽管如此，我们也不能太过于依赖这种功能来进行拍摄。需要提示大家的是，通过镜头的焦距变换和改变拍摄距离，所产生的画面效果是不完全相同的。因为改变镜头的焦距是通过改变镜头的视角范围，从而实现视觉上的拉近或者推远的效果；而改变拍摄的距离时，镜头的视角不动，视角范围不会发生变化，画面中能看到的效果也不相同。两者的最大不同就是景深范围，也就是呈现在我们眼前的背景的虚化程度。

变焦就是改变焦距，即改变拍摄者和被摄景物间的距离（也就是物距）或者改变我们在镜头中的距离感觉（也就是像距）。

如拍摄中焦点需变化，我们可在调试一个焦点后，在对焦环上做好标记，再调试另一个焦点，同样做好标记，拍摄时，只要转动对焦环到标记处，即可实现变焦到相应焦点上。拍摄中应尽量避免不必要的变焦。使用变焦方法拍摄，可能并不会给我们的拍摄带来好的效果。移动拍摄和跟踪拍摄会更自然、更有真实感。同时，我们也应尽量避免不必要的焦距变化。

如图 3-15 所示，在相机的对焦环上做好了需要变焦点的标记，在实际拍摄中，只要转动变焦环到第二标记点，就可实现拍摄中焦点的变换，达到我们期望的拍摄效果。

图 3-15 相机焦点标记示例

改变镜头焦距的方法

以上我们看到的是通过两种方法进行变焦的效果。变焦在实际的拍摄过程中是很常见的,几乎在所有的拍摄过程中都会用到。

变焦虽然是我们日常拍摄中常会用到的一种手法,但是它的使用也有规律,画面的变化要有节奏和规律,否则容易造成视觉上的疲劳。而且变焦的两种方法,其效果也有所不同,根据不同情况选择适当的方法尤为重要。

虚化背景

我们知道镜头焦距变焦会使背景虚化,那么使用变焦时,就要注意镜头焦距变焦的这个特点。比如我们在拍摄时想要避开杂乱的背景,就可以将镜头向前推,使背景中干扰视线的元素虚化掉。

展现空间

而有些时候我们会需要较大的景深范围,也就是说画面中景物的背景要保证清晰度和锐度,这时使用镜头焦距变化来进行变焦,可能会影响画面中空间感的营造。

如图 3-16 所示,分别使用了相同的光圈,不同焦距与物距拍摄,焦点放在红盆小花上。我们可看出不同的焦距和物距变化,使景深也发生了变化,同时我们也可看出不同的焦距也使画面的空间关系发生了变化。长焦距压缩了两物体之间的空间,使物体看起来更近,而广角则扩大了物体间的距离,使两盆花看起来更远了。

光圈 f/4，焦距 100mm，物距（相机到蓝色花盆）约 1.5 米

光圈 f/4，焦距 50mm，物距（相机到蓝色花盆）约 0.8 米

光圈 f/4，焦距 24mm，物距（相机到蓝色花盆）约 0.5 米

图 3-16 景深控制示例

场面调度

场面调度，意为"摆在适当的位置"，或"放在场景中"。是把计划中的思想内容、故事情节、人物性格、环境气氛，以及节奏等，运用场面调度方法，传达给观众的一种独特的语言。

摄影机调度的运动形式有推、拉、摇、跟、移、升、降。以镜头位置分，有正拍、反拍、侧拍等形式；以镜头角度分，有平拍、仰拍、俯拍、升降拍及旋转拍等形式。

在常规的视频拍摄过程中有三种主要的调度方法

纵深调度

使画面中物体有或近或远的动态感，改变透视感。即使改变摄像机的纵深位置，进行推或者拉的运动，这种调度可以使人物或者景物获得很好的造型表现力，加强画面的空间感。

重复调度

相同或相似的画面调度重复出现在视频拍摄中，相同或相似的场景在不同的时间段重复出现，这种调度容易给观众产生联想，通过比较领悟其中的变化和含义。

对比调度

在镜头的具体调动中，充分运用各种对比形式，比如动和静、冷与暖、快和慢，让画面变得生动。

对比调度在视频拍摄中的使用频率十分高。典型的冷暖对比，通常偏红、橙、黄色的色调我们称之为暖色调，偏青、蓝色的色调我们称之为冷色调，冷暖色调的对比给人以强烈的心理反差，暖色调通常给人以温暖、温馨的感觉，而冷色调则给人以沉静的感觉。

镜头的移动和稳定

视频拍摄中，镜头移动会带来不同的画面感，不同的移动方式也会给观众带来不同的心理感受。

3.11.1 移动镜头

摄影机沿水平方向做各方面的移动（"升"、"降"是垂直方向）。分为两种情况：A、人不动，摄影机动；B、人和摄影机都动。

移镜头应注意的问题

1. 拍摄移镜头时角度不能过小，一般在 120°左右，这样才能体现出变化。

2. 拍摄横向移动的时候则应该选择后退拍摄的步法，这样能使画面更稳定。

3. 移镜头拍摄时，最好将人物摆在画面的中心。

4. 在移动过程中应该尽量使用 LCD 显示屏作为取景设备，这样在构图时可以方便地将人物的位置固定在画面中央。

3.11.2 拍摄跟镜头

所谓跟镜头即摄影机跟随被摄主体一起运动。在拍摄运动镜头的时候，也能运用到变焦。也就是说，有些时候我们在一个地点拍摄移动的主体时，为了保证主体在画面中的比例不变，也会使用变焦功能来拍摄，但是要注意的是，使用这种方法来拍摄是有一定范围的，在变焦的过程中要锁定范围进行变焦的调整。

跟镜头的注意事项

跟镜头相对于移镜头而言，在拍摄的难度上有所下降，主要是减少了摄像机的移动所带来的问题。但是跟镜头的拍摄还有一个问题就是，画面构图和主体清晰度的问题。所以在拍摄跟镜头的时候，要时时改变焦点，保证主体在画面中的清晰程度。

跟镜头拍摄运动物体

拍摄这种运动物体可使用追随拍摄。追随拍摄法就是照相机镜头追随运动物体，与运动物体做相同速度的同向运动，在与动体等速追随的过程中按动快门。用追随法拍摄的照片，动体清晰，而静止的背景因相机转动而模糊，从而达到突出主体的效果，如图3-17所示。

3.11.3 镜头的推拉

在画面的运动过程中，镜头的"推拉"是最主要的应用形式。"镜头的推拉"理解起来相当简单，"推"就是镜头向前运动，"拉"就是镜头向后运动。但是这种镜头的向前或者向后运动并不单指拍摄的距离，多数情况下指的是镜头"感觉上的运动"。镜头的推拉是拍摄

图 3-17 运动中的跟镜头画面

中最常见的运动方式，推镜头给人一种进入或者说是融入其中的心理感受；而拉镜头则能给人一种从微观到宏观，逐步展现的视觉感受，如图3-18所示。

3.11.4 相机上的推拉的实现

在我们的数码相机上，实现不变动机位的推拉操作，可靠镜头变焦来实现对拍摄画面的推拉效果。

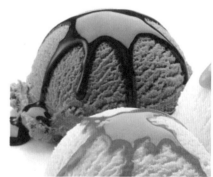

图 3-18 推拉效果

如图 3-19 所示，可见推拉红圈内的变焦环即可实现对所拍摄画面由远及近或由近及远的推拉效果。

图 3-19 相机上的变焦装置

3.11.5 摇镜头

摇镜头也很好理解，就是拍摄者保证拍摄点不动，而摄像机就以这一点为原点，做从左到右或者从右到左的圆弧状单向运动。这就是摇镜头。

摇镜头的作用

摇镜头之所以经常用于运动画面的拍摄，主要是因为其对画面的交待比较详细。有时在交待一些细节的问题上，尽管景别很小，但是通过它也可以慢慢地将画面的内容描绘得很精细。

拍摄摇镜头的具体操作

拍摄者首先选择好结束画面的构图，并将身体转向结束画面的方向，保证脚的方向不动后，将身体转向开始画面的方向，进行从起始画面到结束画面的拍摄（这里指的是手持摄像机的拍摄）。

需要说明的是，之所以选择上面的拍摄方法，是因为运动镜头的拍摄一定要保证结束画面的完整性。也就是说，作为一个镜头的结束画面，需要有一个稳定、美观的构图，以及一定的画面持续时间。

摇镜头的注意事项

另外我们在进行摇镜头拍摄时，一定要注意方向的问题，拍摄摇镜头最忌讳的就是"来回摇"。要保证摇镜头在方向上的一致性，也就是说，要么从左到右，要么从右到左。如果一定要从另一个方向向回摇拍的话，则一定要在两个镜头的中间夹入一个不会出现方向性的固定画面。

3.11.6 固定镜头

虽然相机拍摄的画面在时间上是延续的，但是，这并不表示所拍摄的画面全是运动镜头。在视频画面中，固定镜头的运用也是很广泛的，如图 3-20 所示。

所谓固定镜头，就是摄像机的位置和取景范围都不做改变，只是依靠有限的取景范围来捕捉静止或者移动的景物。

固定镜头的特点

其实固定镜头在视频画面中的应用很多,其给人的感觉与我们平常观察事物的状态相似。但是固定镜头的缺点是有时对事物的交待比较片面。

镜头拍摄的注意事项

固定镜头的拍摄还要注意一些构图上的问题,主要是画面要具有美感。这一点对于固定镜头的拍摄很重要,因为固定镜头取景范围相对是固定的,容易产生视觉疲劳,观看时间过长会使观众产生厌倦感,所以为了减轻观众的这种感觉,拍摄者只能在构图上下些功夫,以此来弥补固定镜头的这个缺点。

固定镜头的景别主要被分为五种,即远、全、中、近、特,这是拍摄视频画面最基本的区分方法。但是对于一般的景物或建筑物而言,很难说清楚什么是全景,什么是近景。所以为了让大家区分得方便,我们将在后面向大家介绍这几种常用的景别。

图 3-20 示例图

04

拍摄艺术

- 光线的运用
- 构图
- 景别与角度

4.1 光线的运用

摄像用的光线主要有两种，其一就是我们常常见到的自然光，另一种是人工光源。而其中的人工光源只是在拍摄影视剧的布光中能够看到，对于我们平常的拍摄并不实用，在这里不做解释。我们主要介绍的是常见的自然光线下的拍摄。

4.1.1 光质与光位

硬光与软光

通常我们在拍摄中将光线分成两种，一种是硬光，另一种是软光。硬光是指那些在被摄体表面能产生明显阴影的光线，如图 4-1 所示。而软光则是指那些不能在主体表面上产生明显的阴影的光线，如图 4-2 所示。

光线除了根据其造型效果分为硬光和软光以外，还根据其方向分为顺光、侧光、逆光等。这些在我们的拍摄中是比较常用的。

图 4-1 硬光　　　　　　　　　　　　　　　图 4-2 软光

顺光

顺光是指光线投射方向和摄像机的拍摄方向一致，其主要的造型特点是被摄体表面受光均匀，无阴影，对色彩的还原比较正常，但是若光线强度太大，会严重损失主体的表面层次，如图 4-3 所示。

逆光

逆光与顺光相反，光线的投射方向和摄像机的拍摄方向相反，其主要造型特点是被摄主体正面几乎受不到光线的照明，主体正面的细节完全损失，但是逆光能够体现景物的轮廓造型，就像剪影一样，如图4-4所示。

图 4-3 顺光   图 4-4 逆光

侧光

侧光是指光线的投射方向在拍摄者的一侧，这种光线使主体一半明亮，一半产生阴影，虽然主体受到光照，但是主体的表面暗部层次会受到损失。其主要的特点是主体表面的明暗对比强烈，这样的光线效果看起来有过渡感。而且利于表现景物的质感和层次，且对色彩的还原没有什么影响，如图4-5所示。

侧逆光

从侧光中衍生了两种比较有趣的光线形式，就是前侧光和侧逆光。这两种光线是对侧光的一种衍变，但是这种衍变给造型带来的好处很多。前侧光表现主体的亮部更多，过渡更柔和；侧逆光能体现的空间感更强，虽然亮部面积很小，但是造型效果很强。

在拍摄过程中，使用频率最高的是顺光、侧光和逆光，因为这三种光线在对画面的描述和表意上都有明显的优点。其他的光线形式虽然并不常用，但是可以作为一些活跃的元素，穿插在画面的构成之中。

如图4-6所示，动物皮毛材质的外套，在测逆光的拍摄下，质感得到了很好的表现，同时这种光线也使空间得到彰显，营造了环境气氛。

图 4-5 侧光

图 4-6 侧逆光

那么在拍摄产品时，如何灵活运用光线结合环境因素实现预期拍摄效果呢。

首先，我们要先考量一下不同商品的材质，淘宝商品可谓各种类别应有尽有，从棉麻类的服装、皮质的鞋包、化妆品、母婴用品、家居家纺等。以下我们以日常拍摄较为普遍的服装及化妆品为例，探讨一下这两种物品的拍摄该如何用光。

在拍摄服装时，我们一般会请模特穿着衣服拍摄或将衣物平铺拍摄，也可以两者结合着拍。

拍摄前，我们应先做一些必要的功课准备。如果我们请模特拍摄，首先应考虑所经营服装的风格，选择适合服装特点的模特。还应考虑是外景拍摄还是室内拍摄更符合自身需要。室内拍摄有较为稳定的光源环境，不受自然光线限制。室外拍摄可选择的背景环境丰富，二者各有优劣之处。

服装摄影与人物摄影不同，前者主要是传递商品信息，画面主体是时装，人物只是陪衬，而后者则是以表现人物的精神面貌和形态为主，服装与背景都是陪衬。

关于视频拍摄的灯具部分内容在第一章已做介绍。在拍摄静态图片时，我们会选择带有柔光箱的闪光灯，而在拍摄视频短片时，我们一般会使用常亮灯。

下面来谈室内拍摄中的人工布光。

淘宝服装拍摄无论是模特穿着拍摄还是平铺拍摄，为充分表现出衣服的质感和细节，皆宜采用柔和的散射光线，利用侧光或顺光为主光源，在物品暗部补充足够的散射光，力求将产品的细节部分和质感表现到位，使消费者更加明确地了解到商品的质感和材料，如图 4-7 所示。

图 4-7 服装拍摄效果示例

　　如果在室外自然光线下拍摄，也应注意对自然光无法照到的商品暗部进行人工补光，如图 4-8 所示，在自然光线下对模特及服装暗部补光。如果画面人物较多时，面面中心就要有主次之分，光线处理也不能平均对待，应将有主要表现要求的人物用人工光线给予突出强调，使之与其他人物进行明暗度方面的有机区分。如果主要人物与背景其他人物亮度差别过大时，背景人物尽量用人工光线提高亮度，以保持整幅画面的协调。

图 4-8 服装室外拍摄效果示例图

　　在进行化妆品拍摄时，我们应尤其注意化妆品外包装的反光问题。不恰当的发光会直接反映在化妆品明亮的反光表面上，给画面形成干扰。拍摄化妆品时一般使用的光线为来自两侧或一方的侧面光线，为使背景整洁明亮，也应布置合适的背景光，如图 4-9 所示。

　　在一些情况下，为表现特殊质感及产品线条，或营造特殊效果，也会使用背景轮廓光为主光源，为产品提供照明，如图 4-10 所示。另外应注意的一点是，由于化妆品拍摄时要求画面精致，应对产品事先做好仔细的表面清洁工作。

图 4-9 侧面光源效果图

图 4-10 轮廓修饰光效果

构图

构图即画面的布局和结构安排。它的含义是：把各部分组成、结合、配置并加以整理出一个艺术性较高的画面。在一定的空间，安排和处理人、物的关系和位置，把个别或局部的形象组成艺术的整体。在有限的空间或平面上对作者所表现的形象进行组织，形成画面的特定结构，借以实现摄影者的表现意图。总之，构图就是指如何把人、景、物安排在画面当中以获得最佳布局的方法，是把形象结合起来的方法，是揭示形象的全部手段的总和，如图4-11所示。

图4-11 示例图

商品广告视频拍摄是一种动态的艺术，静态摄影希望通过某种画面感（比如构图）传达创作者的想法和某种信息。在静态摄影上，你应该可以看到更多的画面细节，并且经得起推敲，构图只是针对一定程度上的审美，细节更重要；而商品广告视频拍摄往往忽略某些细节，重在镜头运动，并通过运动引导观众视线，形成视觉刺激，并推进画面发展。构图的法则同样适用，但在商品广告视频拍摄中，能否传达创作者的意图才是最重要的。

4.2.1 视频拍摄中构图的三大关键点

主体明确

主体指画面的主要表现对象，可以是人，也可以是物，它处于中心的地位。

长焦镜头是创造简洁构图的有力工具。通常画面主体会位于靠近相机的位置，在长焦镜头中背景也可以同样迷人，如图4-12所示，这是一幅主体非常明确的画面，这幅画面就是运用长焦镜头压缩空间这种技巧的完美一例。观众会立即被画面主体商品所吸引。

图 4-12 示例图

画面简洁

视频拍摄过程中尽量保证整体的画面简洁,不要有太多的干扰,构图就是减法,该留下的留下,该舍弃的一定要舍弃。简洁的画面更能突出所要拍摄的主体。

最佳的构图是能通过最少的笔墨表达最完整的效果。所以有些时候,构图不能总想着该在画面中添点什么,而要思考画面中是否有多余的部分,能否将其剪掉。但简洁不等于简单。

如图 4-13 所示,画面简洁明了地交待了叙述主体,整个画面完整地展示了场景人物的主次关系,没有多余的信息干扰。

图 4-13 简洁的画面效果

画面中所有元素均用来突出主体

视频拍摄过程中，不仅需要将无关的元素排除在画面之外，同时，在画面之内布置的元素需要全部用来突出主体，必须和主体产生一定的关联性。

图 4-14 示例图

如图 4-14 所示，画面中的主体占据绝对的视觉中心，环境中的所有元素十分简洁，很好地突出主体。

4.2.2 主体和陪体的合理运用

摄影、摄像被创造出来的初衷完全是为了真实记录，那么为什么还要费尽心思地来考虑构图呢。人是有美学需求的，美是人们在任何时候都会追求的一种情愫，而构图的最主要目的就是通过主体和陪体的有机结合，来营造或者表现这种美。

交待环境

在构图时一定要考虑到对环境的交待。因为假如人物或商品出现在一个场景中，这个场景不能显得过于突然，在交待商品或人物之后，一定要对其所处的环境做出介绍。

营造氛围

摄像构图的另一个要求就是能营造氛围，氛围对于视频画面很重要，因为视频画面中的主体是连续出现在画面中的，所以构图一定要能够表现和突出画面的氛围。

塑造形象

摄像的构图的又一种作用就是塑造形象，它是通过对画面构图的控制来塑造一种情感，因为视频画面是连续的，所以一定要"有所指"。也就是说视频画面一定要表达某种这样或者那样的关系，这些也要通过构图来实现。

交待时空转换

我们说视频画面是在"时间上延续的"，所以构图在有些时候也承担着交待时空跳跃的任务。有时候这是一件比较困难的事，需要具有丰富的想象力。

画面的拍摄方法

摄影、摄像、绘画虽然同为二维的视觉艺术，但是三者各自拥有与众不同的特点。绘画用油彩和光线来描绘事物或心情；摄影用真实存在的事物和光线来描绘风景或情感，相对来说更真实一些；而摄像虽然仍然在用现实来描绘情感或风景，但其与前两者不同的是，摄像是在运动和变化中进行的，绘画和摄影需要欣赏者去想象，而摄像需要用运动的画面，把这些应该有的想象表达出来。

知道了摄像不同于其他两者的特点之后，我们就应该明白，前面做的所有学习都是为了应用在画面的运动中，这样才是摄像。

4.2.3 画面各元素和构图的关系

色彩

在构图时，要保证主体与画面中其他因素色彩的协调性。这主要体现在对比色的运用上，色彩可以有对比，但是这种对比不能过于强烈。

如图 4-15 所示，我们能明显地感受到，利用色彩来衬托主体的巧妙安排。背景陪衬的物品色彩柔和烘托出柔和动人的环境气氛，与主体食材色彩相得益彰，又不会使画面失去统一感。

色彩作为影像造型的视觉构成重要元素，其视觉效果越准确，视频画面所产生的心理效应就越强大，人们对画面的记忆就会越持久，所以，对于视频创作中色彩的控制很有做深入研究的必要。

图 4-15 色彩元素在构图中的运用

拍摄视频前色彩风格应该是已经确立了，这种确立或许是来自客户本人，或许是来自摄像师的建议。前期沟通时，摄像师对整体和局部色彩处理要拿出自己的意见，与客户充分交流，而且尽量向客户描述色彩处理后达到的最终效果，并且讲清楚实现方法。

色彩的原理，色彩的生理感受，表现功能和象征意义，影响色彩的因素，色彩的控制手段和处理方法等，都是要求摄像师熟练掌握的色彩方面的专业技术基础和艺术处理手段。

在视频拍摄中色彩处理传统意义上有三种方法：遵循自然、遵循现实和超现实表现。遵循自然缺乏表现力，超现实缺乏必要的真实性，现实主义既要色彩真实再现又要有强烈的表现力，处理起来似乎有难度。在进行商品拍摄时，我们应以还原产品本来色彩为基准，辅以表现手段加强色彩效果，可以现实主义的表现手法实现大片感的商品视频拍摄。

色彩是最具有感染力的视觉语言。色彩作为商品视频拍摄的一个重要的视觉元素，除了能还原产品的原有色彩，同时还能传递气氛，表现品质，如图4-16所示。

图4-16 色彩示例图

均衡

构图是结合被拍摄对象和摄影造型要素，按照时间顺序和空间位置有重点地分布、组织在一系列活动的电影画面中，形成统一的画面形式，如图4-17所示。

均衡是这些规律中的一个，如同我们身体上和谐对称的五官肢体一样，所以我们在观看画面的时候，也会不由自主地寻求一种平衡。在构图的过程中一定要注意寻找画面中的平衡点，使之达到视觉上的平衡。

动态画面一般是由多幅画面组合而成的，因此它的均衡感不一定非得在每一幅画面中表现出来，只要多幅画面构成的动态过程能给观众完整统一的印象，我们就可以说它是均衡的。

均衡的类型有对称性与非对称性。对称性的均衡显得稳定、深沉。而非对称

图 4-17 示例图

性均衡赋予画面形式、体积、力量上的对比，画面通常给人变化、活泼、生动的感觉。

构图的形式

构图的形式主要是指在长期的绘画、摄影、摄像等实践过程中积累的一些关于构图上的经验，所总结出的一些相对固定的构图规范，因此比较具有代表性，也成为摄影、摄像等初学者入门时必须学习的基本构图方式。主要有水平式构图、对称式构图、曲线式构图、三角形构图、对角线构图、对比式构图、九宫格构图和留白式构图，如图 4-18 ～图 4-20 所示。

图 4-18 对称式构图

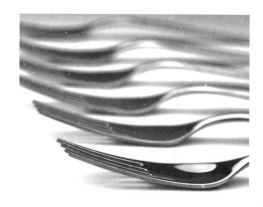

图 4-19 曲线式构图

图 4-20 对角线构图

线条

　　构图中线条的运用要把握的主要标准并不是形状上的，而要力求做到整齐和有规律，具有指引性，不能过于杂乱、无序。

　　如图 4-21 所示，曲线的搭配是经过精心布置的。

图 4-21 线条在画面中的运用

构图主要是由线条和影调两大因素组成的，从形式上看任何一幅照片，会发现它们的画面都是由不同形状的线条和影调构成的，所有造型艺术都非常重视线条的概括力和表现力，它是造型艺术的重要语言。

摄影艺术非常重视线条的提炼和运用，要善于利用角度、光线、镜头等，把不同物体的富有表现力的轮廓加以突出和强调，使之清晰简洁，借以再现准确、鲜明、生动的视觉形象。线条的运用，一般理解为某种线型的排列组合或者某种线条的图案美和线条趣味，实际上只要在画面上塑造可视的形象都离不开线条的提炼， 如图4-22、图4-23所示。

图 4-22 示例图

图 4-23 画面中的线条

影调

色彩与光构成了影调，影调是指画面的明暗层次、虚实对比和色彩的色相明暗等之间的关系。

影调能给画面一种意境，是一种镜头的语言。所以合理地对主体所处的环境进行分析，将画面的影调处理好，这样才能表达合适的情感。

既然构图是为了处理好画面中主体和陪体的关系，使其能有机地结合在一起。那么这其中一定存在着一种隐含的规律。大凡美学范畴内的艺术形式，基本上都遵循着一些规律，按照这些规律，人们在视觉上就会感觉舒服。

影调从明暗分布上可划分为高调、中间调和低调。

高调（亮调、明调、淡调）

以浅灰、白色及亮度等级偏高的色彩为主构成的画面，称为高调画面。高调画面在构成上必须有少量的暗色或亮度等级低的色彩，以使亮调更为突出。亮调也要有层次，否则画面会呈现曝光过度的效果。高调画面的拍摄：亮背景，亮主体，散射光或顺光照明是获得高调画面的必要条件，如图 4-24 所示。

高调画面构成的情节段落多用于表现特定的心理情绪，如幻觉、梦境、幻想或用于抒情场面，也可表现欢乐、幸福、喜悦的情绪。

中间调（灰调）

中间调，指明暗关系，既不是亮调，也不是暗调，而是介于两者之间的调子。也指反差关系，介于软调和硬调中间，中间调是商品拍摄中最常用的影调形式，如图 4-25 所示。

低调（暗调、重调）

以黑、深灰及亮度等级偏低的色彩为主构成的画面称为低调画面。低调画面的拍摄：选择深色背景，深色景物，侧逆光、逆光、顶光照明是获得低调画面的必要条件。也可用大面积阴影构成低调画面。低调画面不可缺少少量的白色或亮度等级偏高的亮色，也可用轮廓光勾勒，以反衬画面大面积的暗色调。低调不能漆黑一团，要有层次，可以利用曝光不足方法取得低调画面效果。低调画面，经常用于表现深沉、压抑、悲伤、凄凉、苦闷、恐怖等心理情绪，如图 4-26 所示。

不同的影调有其不同的感情色彩，如高调的明快、淡雅，低调的庄重、深沉，中间调的和谐、平稳等。影调只有与具体的形象、物象相结合，才能赋予作品以鲜明的、生动的感染力。

图 4-24 高调

图 4-25 中间调

图 4-26 低调

景别与角度

4.3.1 景别

远景

是视频拍摄过程中拍摄范围最大的一个景别。远景拍摄的画面中主要突出的是环境，其中的人物或商品只是一个点缀而已。所以那些人物在画面中较小的景物被称为"远景"，在拍摄过程中主要用于交待场景，如图 4-27 所示。

图 4-27 远景

全景

全景是视频画面中用于介绍产品的主要构图形式。这种景别拍摄商品整体，主要用来介绍物体全貌，如图 4-28 所示。

图 4-28 全景

中景

中景是产品视频拍摄中经常被使用的景别，它的特点是既能交待商品概貌又能兼顾表现细节。

中景的拍摄主要就是为了突出主体，主体会完整表现且在画面中占据绝对中心，如图4-29所示。

图 4-29 中景

近景

近景在拍摄过程中，主要是用于表现物品特征，而且这种细节的体现比其他景别表现得更充分，如图4-30所示，在特写的画面中，人物脸部会占据画面绝大多数位置。

图 4-30 近景

特写

特写是一种用于表现细节的常用镜头。特写的最大特点是取景范围小，商品的任何细节都能呈现在观众的面前。所以拍摄者要慎重地取舍，如图4-31所示。

图 4-31 特写

以上就是我们在拍摄固定镜头中的景别，一般的拍摄中全景、中景和近景运用得较多，而特写和远景运用得并不是很多。特写和远景这两种景别一般多做过渡镜头，远景多用来交待场景。

4.3.2 固定镜头的拍摄角度

固定镜头的拍摄除了要注意景别以外，角度的选取也比较重要。拍摄角度是指摄像机所选择的拍摄人物的角度。一般分为正面拍摄、侧面拍摄和背面拍摄三种。

正面拍摄

正面拍摄即拍摄景物的正面，它给观众的感觉是初次见面的"第一感觉"，这说明正面拍摄也是一个暂时的感觉，其时间不宜过长，如图 4-32 所示。

图 4-32 正面拍摄

侧面拍摄

侧面拍摄在视频拍摄中是比较常见的。虽然是从侧面拍摄景物的一面，但是给观众的感觉更立体，从而能更充分地体现空间感。

如图 4-33 所示，侧面的角度，很好地表现了商品的线条美感与整体样貌。

图 4-33 侧面拍摄

背面拍摄

背面拍摄并不能经常见到。人们观看的只能是个背影，主体的正面细节都是被隐藏起来的。但有时背面拍摄也可表现出产品某一面的细节。

如图 4-34 所示，从背面拍摄，展现了高跟鞋细节特征。

图 4-34 背面拍摄

4.3.3 固定镜头的拍摄高度

平角度

拍摄高度也是固定镜头拍摄中的一种变化方式。在拍摄中，我们最常见到的就是水平方向上的拍摄。因为这种拍摄的高度与我们平常观察事物的角度相同，所以比较"平易近人"，如图 4-35 所示。

图 4-35 平角度

俯角度

俯角度拍摄多用于展现环境和一种气氛，或者介绍人物关系，或者作为一种过渡镜头来连接两个场景的变化，而且俯角度拍摄多用于全景和远景这类的大景别，如图 4-36 所示。

图 4-36 俯角度

仰角度

仰角度拍摄相对来说应用得比较多，首先因为仰角度拍摄的摄像机高度位于被摄主体之下，主体的下部得到突出，而且画面空间感更强。

在拍摄人物时用仰角度来拍摄，还可以使人物的身材显得修长。除此以外，仰角度拍摄是一种富于感情色彩的拍摄高度，给观众的视觉感受是崇敬和景仰，如图 4-37 所示。

图 4-37 仰角度

拍摄中的常见问题

摩尔纹

摩尔纹是数码照相机或者扫描仪等设备上的感光元件出现的高频干扰，会使图片出现彩色的高频率条纹。由于摩尔纹是不规则的，所以并没有明显的形状规律。简单地说，摩尔纹是差拍原理的一种表现。从数学上讲，两个频率接近的等幅正弦波叠加，合成信号的幅度将按照两个频率之差变化。差拍原理广泛应用到广播电视和通信中，用来变频、调制等。

如果感光元件 CCD（CMOS）像素的空间频率与影像中条纹的空间频率接近，就会产生摩尔纹，如图 5-1 所示。

在数码影像中，如果被拍摄主体中有密纹的纹理，常常会出现水波纹一样的条纹和奇怪的色彩，这就是摩尔纹。摩尔纹是 CMOS 上出现的高频干扰，这个问题普遍存在于数字影像领域，尤其是数字单反相机中，因为数字单反相机的镜头都是为了产生最清晰最锐利的影像而设计的，其分辨率远远超过了目前 CMOS 的分辨率。而在单反相机的视频拍摄中，摩尔纹的情况会比图片更加突出，更加严重。这是因为图片的分辨率要远远大于高清视频。

对于相机来说，如果设计时在镜头上安装低通滤波器会起到改善摩尔纹的效果，但会影响照片锐度。

要想消除摩尔纹，应当使镜头分辨率远小于感光元件的空间频率。当这个条件满足时，影像中不可能出现与感光元件相近的条纹，也就不会产生摩尔纹了。有些数码相机中为了减弱摩尔纹，安装有低通滤波器滤除影像中较高空间频率部分，当然会降低图像的锐度。将来的数码相机如果像素密度能够大大提高，远远超过镜头分辨率，也不会出现摩尔纹。

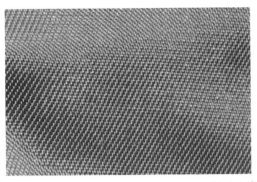

图 5-1 摩尔纹示例

如何减轻和消除摄影中的摩尔纹影响

1.改变相机角度。由于相机与物体的角度会导致产生摩尔波纹，稍微改变相机的角度可以消除或改变存在的任何摩尔波纹。

2.改变相机位置。此外，通过左右或上下移动来改变角度关系，可以减少摩尔波纹。

3.改变焦点。细致图样上过于清晰的焦点和高度细节可能会导致产生摩尔波纹，稍微改变焦点可改变清晰度，进而帮助消除摩尔波纹。

4.改变镜头焦长。可用不同的镜头或焦长设定，来改变或消除摩尔波纹。

5.用软件处理。如使用 Photoshop 插件等，消除最终影像上出现的任何摩尔波纹。但此方法会使细节损失，如图 5-2 所示。

图 5-2 摩尔纹消除前后的对比

滚动快门

滚动快门 (Rolling Shutter)，指的是 CMOS 的曝光方式。CMOS 的成像原理是所有像素一行接一行从上到下进行扫描，所以当画面内的物体运动速度超过 CMOS 的扫描速度时，就有可能产生画面内运动物体的扭曲变形，我们通常把这种情况称为果冻效应。就好像一块立方体的果冻，晃动它，直线的边就会倾斜，如果我们来回地快速摇动机身，被摄物就会像果冻一样扭曲得摇来晃去。现在几乎所有的数码单反相机都是使用 CMOS 作为感光元件的，所以果冻效应也普遍存在于数码单反视频中。

我们可先了解一下数码相机的全局快门与卷帘式快门。

全局快门 (electronic rolling shutter)

全局快门 CMOS 传感器的工作方式并不是通过一个信号线就可以控制曝光的开始和结束。传感器的感光二极管不停地在捕获入射光子并转换成电子存储在电荷井中，控制部分可以将其读出和清零，但不能停止曝光。全局快门与电子卷帘快门最主要的区别是在每个像素处增加了采样保持单元，在指定时间达到后对数据进行采样然后顺序读出，这样虽然后读出的像素仍然在进行曝光，但存储在采样保持单元中的数据却并未改变。

电子卷帘快门 (global shutter/snapshot shutter)

目前大多数 CMOS 传感器采用这种快门。通常是从上至下，和机械的焦平面快门非常像。

和机械式焦平面快门一样，对高速运动的物体会产生明显的变形。而且因为其扫描速度比机械式焦平面快门慢，变形会更加明显。例如，如果数据的读出速度是每秒 20 帧，那么图像顶部和底部的曝光先后差异将多达 50 毫秒。

为了弥补这个缺陷，数码相机中通常配合机械快门，曝光开始时整个图像传感器清零然后机械快门打开，曝光结束后机械快门关闭，数据按顺序读出。

从上面可以看出，电子卷帘快门的移动速度如果能达到机械式焦平面快门的水平，就可以解除对机械快门的依赖，也就是必须提高数据的读出速度。

全局快门与电子卷帘快门的不同在于，它是通过 Sensor 逐行曝光的方式实现的。在曝光开始的时候，Sensor 逐行扫描逐行进行曝光，直至所有像素点都被曝光。当然，所有的动作在极短的时间内完成。

如果被拍摄物体相对于相机高速运动时，用电子卷帘快门方式拍摄，假如曝光时间过长，照片会产生像糊现象。而用全局快门方式拍摄，逐行扫描速度不够，就可能出现"倾斜"、"摇摆不定"或"部分曝光"等任一种情况。这种全局快门方式拍摄出现的现象，就定义为果冻效应，如图 5-3 所示。

避免这种果冻效应的方法

减慢被摄体或相机移动速度

视频可以在后期中制作成快放，在拍摄时减缓被摄移动物体的运动速度。这样依然可达到预期的效果，很多赛车竞速的电影，在拍摄时会开得比较慢，播放时通过改变播放速度，实现效果。

图 5-3 果冻效应示例

降低快门

利用相机的机械快门拍摄图片时，使用最高闪光同步速度内的快门拍，就不会产生果冻效应。因为通常配合机械快门，曝光开始时整个图像传感器清零就能实现全局快门了。

如果没有机械快门，那也还是有点效果的。因为快门速度慢了后，画面不被定格了，用动态模糊了，果冻效应就会不明显。

以上两个方案并不十分理想，尤其在拍视频时几乎都要配合卷帘快门。卷帘快门扫描速度是固定的。全局快门普及后，此问题有望得到解决。

夜景拍摄

夜景拍摄中我们面临的最大的问题是噪点。仔细观察视频单反相机拍摄的视频，会发现在明暗过渡的画面部分很容易出现噪点，尤其是在低光照的情况下。

我们在前面已经说过如何通过控制 ISO 来减少噪点。但在夜景拍摄的情况下，还要对拍摄进行其他的控制，才能减少噪点，达到较好的画面质量。

光照

虽然我们在电影中看到的一些场景很暗，在实际的拍摄现场还是有很多灯的，如果没有专业的灯光设备，也可以使用一些大瓦数的灯泡来提高照度。充足的光照可以减少噪点，保证画面的品质。

光圈

尽量使用大光圈的镜头和尽可能低的快门速度。在光线不足的情况下，夜景拍摄时我们可以将快门速度降低，尽量使用大光圈镜头来获得最大进光量。

风格挡调整

在夜景拍摄时，将风格挡中的锐度、反差和饱和度调低一些，目的是拍摄的时候尽量保留细节，后期制作的时候再根据需要进行调节。

适当过度曝光

在夜景低照度情况下拍摄的时候，可以适当地曝光过度一点，在进行后期制作时，再使用软件调整为声场的曝光，这样可以减少部分噪点。但曝光过度也是不可取的。

软件降噪

在后期制作中，可以使用降噪软件来减少噪点。

如图 5-4 所示，在低光照条件下，分别以 ISO 值 100、200、400、800、1 600、3 200 对同一物体进行拍摄，可清楚地看到这其中的变化。当感光值升高后，画面的噪点也越来越多。

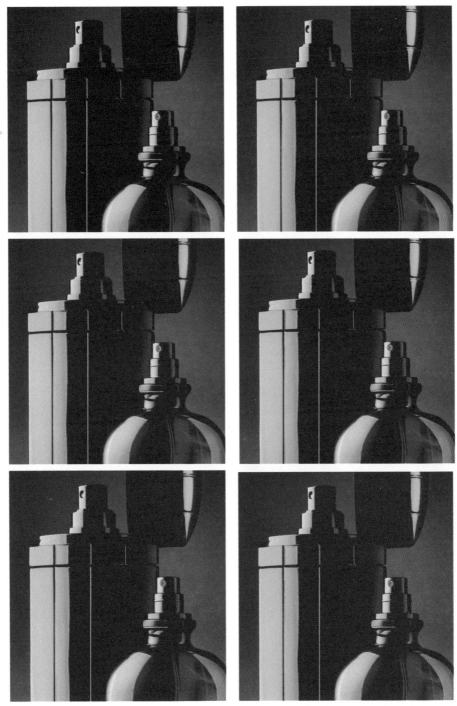

图 5-4 不同感光度对比

拍摄时长限制

拍摄时长限制

数码相机机身会对视频的拍摄时长进行限制，单个视频文件不能超过 4GB 或时长不能超过 29 分 59 秒。有的卡存储摄像机会在一个视频文件达到 4GB 停止时，自动开始下一个视频文件的记录，并且两个文件可以无缝连接。但有的相机没有提供这个功能，当它停止后需要手动操作才能开始下一个视频文件的拍摄。所以，我们在进行长时间连续拍摄时，要随时查看屏幕上的记录信息，监控拍摄时长。

如果是在一些不能打断的场景下拍摄，我们可以使用两台或多台视频单反相机进行拍摄，每台机器相隔五六分钟开始录制，错开停机的时间，即可保证拍摄的连续性。

● CMOS 连续工作的时间越长，发热量越大。如果 CMOS 发热量过高，将导致相机无法正常工作。图片摄影时，CMOS 过热会导致画面噪点增多，画质下降。视频拍摄时，虽然画质不会下降，但机身会自动停止，需要等到 CMOS 冷却后才能继续工作。我们在视频拍摄时，需要在实时显示的模式下进行构图、曝光等准备工作，这时 CMOS 已经在工作了，如果随后还要进行长时间的拍摄，或是在高温的环境下拍摄，最好先关闭机身或实时显示，等 CMOS 冷却下来再拍。CMOS 的发热量非常大，把手放在机身外部都能明显感觉到温度变化，我们可以以此来作为监测。如果有必须进行长时间连续拍摄的要求，最好准备好后备机器。

镜头呼吸现象

单反相机镜头是为图片摄影所设计的，当使用它们拍摄视频时，会遇到一个共同的问题：镜头呼吸。镜头呼吸是指在视频拍摄中，当转动对焦环时，画面构图发生轻微的变化的现象，如图5-5所示。

图 5-5 镜头呼吸现象示例

在调焦的过程中，随着焦点的变化，画面的构图发生了轻微的变化，我们可以仔细观察，就可以明显地看出右图较左图画面，边缘处多出来一部分，这其实是镜头内部的镜片移动造成的。在图片影集中，这并不会造成什么干扰，稍稍移动一点点机身就可以重新调整构图，解决这个问题，但在视频拍摄中则不同，影片会记录下这个变化的过程。

所有的单反镜头都会有镜头呼吸的现象，但不同镜头程度不同。镜头呼吸可能会对一些摄影师造成困扰，然而也有一些人就是喜欢这样的效果。这种现象只存在于相机镜头之中，电影镜头则没有这个问题。

保护 CMOS

在实际拍摄中，我们要注意保护设备。在实时显示的状态下，因为反光板已经升起，所以不要将镜头直接对着太阳等高亮的光源，否则可能导致 CMOS 出现坏点甚至烧毁。如果有这种拍摄需要，一定要在镜头前加上灰镜等滤光工具，再进行拍摄，而且不要选择中午，拍摄时间也尽可能短。另外，更换镜头时，取下原来机身上的镜头后，应该用手挡住机身镜头接口的部位，以免 CMOS 直接受到强烈的阳光照射。还有就是不要在灰尘飞扬的地方更换镜头，以免 CMOS 进灰，如图 5-6 所示。

图 5-6 示例图

另外，有一点需要特别注意：在一些夜间的大型活动现场可能会有激光表演，这种情况下千万不要进行视频拍摄，一旦激光穿过镜头照射到 CMOS 上，那相机的 CMOS 绝无幸免的可能。

镜头眩光

　　所有镜头，包括多层镀膜镜头在强烈逆光环境下拍摄时都会产生内部反射，产生眩光。镜头经过多层镀膜，进入镜头的一些光线从每个内部表面反射，导致图像内出现一些自由形状的光斑或光环，这些被称为镜头眩光。

　　镜头眩光的最佳解决方法是避免画面内有任何直射的亮光源，如灯光、太阳。然而，画面边缘的光源也会导致眩光，使用镜头罩或者遮光罩可避免这种现象。

　　修饰单幅照片内的反光比修饰整个视频剪辑内的反光容易得多。在相机移动期间眩光的形状和大小也会改变，这更难以在最终序列内忽略它们。

　　然而，也可以故意使用眩光来增强画面的艺术效果，一些图像处理软件内的工具可以增添眩光效果。如果我们决定在创意处理中使用眩光，在拍摄之前请尝试各种镜头，以了解哪个镜头能产生最佳效果。

　　每个镜头都有其自己的眩光图案，有趣的是，经过高度校正的贵重镜头产生的眩光图案看起来常常像简单的拍摄错误，而廉价镜头产生的眩光效果常常很复杂，并且很美丽，如图 5-7 所示。

图 5-7 镜头眩光效果

污点和斑点

即使是最细心的摄影师或者电影摄制者,迟早也必须处理镜头上的蒙尘或水珠,或者传感器上的蒙尘和绒毛。避免污垢的最佳方法是定期使用镜头布和气刷细心地处理设备,尤其是在更换镜头的时候。

很多 DSLR 相机具有内置的传感器清洁机制,它们使用超声波把蒙尘从传感器上"震下去",我可以确定这样的系统能够大大降低传感器上蒙尘所产生的问题。然而,重要的是更换镜头时要快捷细心,并把相机机身开口的部分朝向背风的方向。还要记住,超声波移除的蒙尘仍在相机内,以后可能会再次附着到传感器、反光镜或者镜头后面的元素上,所以最重要的是避免灰尘进入到相机内部。

斑点和污点在数码照片内不一定很明显,消除它们很容易。但视频内的斑点则显著得多。拍摄视频时,重要的是要始终避免设备内出现斑点和污点,就算以后通过后期处理也不能完全消除,如图 5-8 所示。

图 5-8 镜头污点对图像的影响

开花和弥散条

在使用 CCD 传感器相机拍摄非常明亮的光源或反光时，常常产生开花和弥散条。开花效果在高光范围创建出明亮的圆形色晕图案，完全遮盖色调值的差别，使受影响的区域变为纯白色。弥散条是明亮的穿过点高光中央的垂直条带。这两种效果常常一起出现，如图 5-9 所示。

如果使用 CCD 的相机，则只能通过以下方法避免出现开花的弥散条：确保画面内不包含亮光源，包括太阳。如果无法改变画面的构成，则必须使用 CMOS 传感器。

图 5-9 弥散条

 曝光不足和曝光过度

拍摄视频和照片时，曝光不准确是最常见的错误。尽管目前相机的测光系统技术发展已很到位，但摄影曝光仍是一个值得深度研究的问题。拍摄视频主体时尤为复杂。

拍摄照片时，曝光参数主要保持准确就可以，与此不同的是，视频剪辑拍摄期间曝光会改变。大多数情况下，依靠相机内置的测光系统可以创建出能够接受的结果，如图 5-10 所示。

事前知道哪些情况可能会引起错误的曝光不足和曝光过度，就容易避免它。所以事先做好对拍摄环境物体的测光尤为重要。曝光过度通常比曝光不足问题更严重。曝光过度的高光区域的细节会永远失去，曝光不足还可以通过后期弥补。

图 5-10 曝光不当示例

自动对焦与手动对焦

自动对焦失灵的情况

使用自动对焦拍摄时，在一些情况下很难对所拍摄的主体进行清晰的对焦。下面我们来说说在哪些情况下使用自动对焦模式是不起作用的。

1. 自动聚焦对不在取景中心范围内的景物是不能聚焦清晰的。

2. 自动对焦系统的灵敏度受景物受光量多少的影响，光线充足时对焦清晰准确，光线微弱时自动对焦系统反应速度下降，甚至不能正常工作。

3. 被摄景物的两端都在画面中，但是距离很远时自动对焦系统不能正常地工作。

4. 透过反光的玻璃或者不干净的玻璃拍摄时，自动对焦系统的灵敏度下降。

5. 被摄主体与拍摄者被栅栏或者笼子、网格等物隔开时，自动对焦系统的灵敏度下降。

6. 自动对焦系统不能对快速移动的物体进行对焦，如果被摄主体前有快速移动的物体经过，自动对焦系统也不能进行对焦。

手动对焦的优缺点

既然这么多的情况下自动对焦系统都失灵，那么手动对焦功能就显得非常重要。首先，手动对焦在任何时候都不会失灵（这里指的是能通过聚焦环来进行对焦的数码摄像机），而且这种方式只要拍摄者的眼睛和操作水平没有问题，出现虚焦点的可能性是很小的。但也不是说要完全依赖手动聚焦来拍摄，因为这对摄影者的技术要求很高。而且有些情况下，使用自动聚焦来拍摄的画面效果也是很好的。

手动对焦过程就需要一定的方法，手动对焦时，既要保证画面中主体的清晰度，也要保证画面中其他元素的清晰程度（当然这里的清晰程度不是指绝对的清晰），所以对焦要掌握一定的方法，这也是我们要讲的重点。

对静止物体的聚焦

静止的景物因为空间位置上的固定，为对焦带来很多的方便，而这种固定的景物个体越是庞大，对焦越是容易。

从上面的画面中我们可以看出，个体体积越大的景物越容易进行对焦，而个体体积越小的景物聚焦越是困难。而我们在拍摄中也难免会遇到这样的情况。所以在对个体体积较小的景物进行对焦时，需要使用光圈来控制一定的景深范围，使主体在这个景深的范围之内，从而保证其对焦的清晰度。

运动景物的对焦

这种对焦基本上是靠上面所说的景深的控制来完成的，首先要知道运动物体的运动范围，要在这个基础上设定一个景深范围。

还有一个方法就是对运动主体周围的某一静止物体进行对焦，然后由景深范围来弥补主体与对焦物体间的差距。其实，这种方法也算是通过景深的范围来对画面主体进行对焦。

特殊情况的对焦方法

有些时候需要离被摄主体的距离很近，这时对焦就要注意，因为当摄像机与主体的距离也很近的时候，景深范围一定会很小，这时对焦就一定要根据创作的意图来确定。也就是说此时的对焦很随意，但是要求也很高。

说到拍摄意图，要知道，不是什么时候对焦清晰的画面都是好的。在有些场景中，适当的"出焦"、"脱焦"，其画面的艺术感可能更强。

最基本的对焦方法

在此介绍一个最基本的手动对焦的方法：可以先将画面推到最长焦距端，然后通过手动对焦将被摄主体清晰对焦，这样当镜头拉开的时候，都能够保证画面中的主体和其他画面元素的清晰度。所以这是手动对焦过程中最简单和最准确的对焦方法。

对焦点的选择在对焦过程中尤为重要。因为对焦点的选择关系到被摄主体的清晰程度，也影响了画面中景深开始到结束的范围。

对焦点的选择方法

在前面的介绍中，我们主要介绍的是各种物体在宏观上的对焦方法，下面介绍的是各种更具体的对焦点的选择方法。

1. 对于个体比较大的物体来说，当我们离这样高大的物体距离很远时（也就是我们打算拍摄主体的整体时），应该选择其边缘的线条进行对焦，对焦清晰后再进行拍摄。

2. 当我们在近处拍摄这种高大的物体时，则应该选择其中最细节的位置，比如纹理、光影的分界线来进行对焦。

3. 拍摄人物的时候，对焦点的选择应该是人物的眼睛、鼻梁等部位。因为当将人物的眼睛或者鼻梁对焦清晰，那么画面在拉开的时候，人物的整体都能保证清晰。

4. 在拍摄花草等小的主体时，对焦点的选择就更为重要，拍摄全景的对焦可以选择花瓣或是花茎，若是拍摄特写则应该选择更细部的位置，比如花蕊等。

不同质地景物的对焦点选择

1. 粗糙质地的主体对焦相对比较简单，因为其表面有凸凹不平的纹理，在对焦的时候拍摄者应该选择那些纹理来进行对焦。

2. 光滑质地的被摄主体，对焦时尽管推到景物的细部，也不能单纯地对表面进行对焦，因为这样的对焦并不是很准确，这时拍摄者应该选择其表面或者边缘的线条作为对焦点。

3. 对高反光的物体对焦的时候，可以选择那些明亮和阴影的交界点作为对焦点。

以上就是我们要向大家介绍的关于对焦的方法和对焦点选择的方法，希望这些基本的规律能够对大家的拍摄实践有所帮助。

自动对焦是利用物体光反射的原理，将反射的光被相机上的传感器 CCD 接受，通过计算机处理，带动电动对焦装置进行对焦的方式叫自动对焦。

手动对焦是指通过转动镜头对焦环，或通过按机身方向键步进以实现对焦清晰的对焦方式。手动对焦一般在自动对焦无法进行时使用，是不可缺少的对焦方式。

视频拍摄中常见的问题就是画面虚焦。大多数相机的视频模式支持自动对焦，也可手动对焦，但手动对焦只有在拍摄测试之后，预先确定焦距设置才可能真正保证多个运动主体清晰。

对于静止的主体而言，我们要做的是在拍摄之前设置焦点。

而对于运动主体，则需要跟随主体进行对焦，用镜头上的对焦环难以实现。如果镜头上标示了距离刻度则会容易一点。我们就可以使用测试画面确定需要哪些焦点设置，并在拍摄期间从一点变到另一点时用刻度作为参考跟踪焦点。

自动对焦让我们拍摄中的对焦过程更快速，更准确。最新 DSLR 相机的视频模式支持自动对焦。拍摄视频时，自动对焦系统所产生的每个镜头运动在剪辑中都是可见的。如果在拍摄期间相机前后搜索合适的焦点设置，拍摄者就会难以接受。

如图 5-11 所示，在不改变对焦点的情况下，利用手动对焦可自由改变对焦中心和范围，而自动对焦时则无法实现。

图 5-11 自动对焦与手动对焦对比

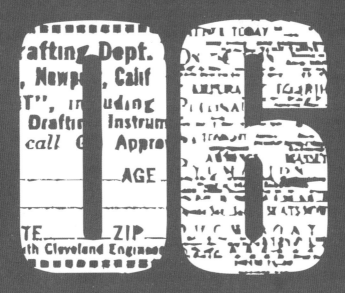

录制高清音频

声音质量设定

声音是由物体振动产生的，最初发出振动（震动）的物体叫声源。声音以波的形式振动（震动）传播，是声波通过任何物质传播形成的运动。

声音在电影中的重要地位无可取代，是视频录制的重要组成部分。有时甚至还会超过画面的重要性成为影视作品中最重要的元素。它揭示主题思想、奠定影片风格、创造意境。兼具抒情功能、推动剧情发展。在一幅打动人的电影画面前通过完美配乐的催化，我们的情绪能迅速得到激化，与电影情节产生共鸣。音乐的抒情是音乐最具感染力的功能。在影视中的音乐更充分地展现了这一功能，并且可以推动剧情的发展。同时，音乐声可以塑造人物形象。影视艺术作品中人物的形象不仅通过演员的外形、形体语言、台词等来塑造，在人物声音方面塑造形象也是非常重要的手段。不同类型的角色出场所给予的配乐不尽相同，是完美诠释人物特征塑造人物形象的手段。

声音强化了人们的视觉体验，高品质的声音是画面品质的完美助推器。

在专业录音设备中通过调节清晰度、音准质量、降噪程度等设置来控制声音质量，如图 6-1、图 6-2 所示。

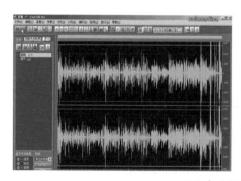
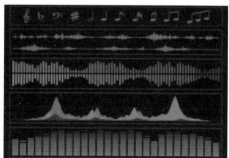

图 6-1 音频示例图

图 6-2 音频设备

　　除了前期通过设备手段控制调节声音质量外，我们也可在后期通过音频软件来对录制的音频进行编辑。常见的音频编辑软件有 Cool Edit、Adobe Audition。一些常用的视频编辑软件也可以实现简单的音频编辑，如图 6-3 所示。

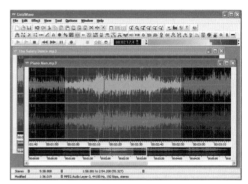

图 6-3 音频软件画面截图

电平

什么是"电平"。"电平"就是指电路中两点或几点在相同阻抗下电量的相对比值。这里的电量自然指"电功率"、"电压"、"电流"并将倍数化为对数，用"分贝"表示，记作"dB"。分别记作：$10\lg(P2/P1)$、$20\lg(U2/U1)$、$20\lg(I2/I1)$，上式中 P、U、I 分别是电功率、电压、电流。

使用"dB"读写、计算方便。如多级放大器的总放大倍数为各级放大倍数相乘，用分贝则可改用相加。并能如实地反映人对声音的感觉。实践证明，声音的分贝数增加一倍，人耳听觉响度也提高一倍。即人耳听觉与声音功率分贝数成正比。例如蚊子叫声与大炮响声相差 100 万倍，但人的感觉仅有 60 倍的差异，而 100 万倍恰是 60dB。

录制系统中录音电平的正确选择和录制节目声音质量的关系至关重要，准确地选择一个恰当的录音电平值，能够保证录制节目声音质量的良好。一般来说，一个录制系统应包含：传声器、调音台及记录设备，如录音机、磁光盘记录设备、音频工作站等。当前，录制系统中又出现了数字录制系统、数字和模拟混合录制系统及模拟录制系统。在这些诸多系统中，节目声音信号最终都要记录在一个相应的载体上，如磁带、磁光盘及硬盘等。这个记录载体上记录的节目声音信号的质量，也就是这个录制系统的最终节目声音信号的质量。录制系统中的录音电平将决定着节目声音信号的质量，即准确地选择一个录音电平，这个录制系统的节目声音信号的质量才能有保障。

调音台作为信号输入的初始设备，要使其做到在电平不过载的前提下，电平尽量大。要做到这一点，首先要调整调音台上信号输入轨的增益电平，挑选所输入信号强度最大的一段作为测试，要使输入电平的峰值接近但不突破 0dB。然后就是输出电平的调整。由于输入电平的调整，输出电平衰减器，也就是信号输入那一轨的推子保持在刻度 0 的位置即可。

　　如果是多轨机，则大可不必担心，因为其各轨的电平是厂家调校过的。或者是数字调音台与数字多轨机以 ADAT 或 T-DIF 相连接，那就更不用担心音量的问题了，肯定是和调音台上保持一致的。那么，要注意的就是调音台与电脑声卡之间的连接。首先，如果是数字调音台连接声卡的 ADAT、SPDIF 等数字接口，则无须调校，数字信号的传输是一定能够保持原有电平的。最需要注意的就是调音台的模拟接口与声卡的模拟接口的连接。

　　如果是数字调音台的模拟接口与声卡的模拟接口连接，则需要在调音台上的电平与声卡的电平读数一致。也就是说，用标准 1kHz 进行测试的时候，当数字调音台的输出电平读数为 0dB 的时候，计算机中录音软件的录入电平读数也应该是 0dB；如果是模拟调音台的模拟接口与电脑的声卡模拟接口连接，那么就需要进行如下调校。用模拟调音台发出一个 1kHz 信号，并将其输出电平调整至 0dB，此时电脑内录音软件的录入电平读数应为 -18dB 或 -14dB，否则有可能会出现电平过载的情况。

　　录音工作电平，就是录音师在录音时选择的一个电平值，确定这个录音工作电平的依据是，一是要了解、掌握所使用的录音设备动态阈，二是要了解、掌握所录制的节目信号动态范围，三是选择一个恰当的电平储备量，即当节目信号高潮来时，也不会产生削顶失真，节目低潮时，也不会被设备的噪声所淹没。这个由信号最高准确值电平减去电平储备量后的信号最高平均值电平就是要选择的录音工作电平。

6.3 麦克风

麦克风，学名为传声器，是将声音信号转换为电信号的能量转换器件，也称话筒、微音器。在视频拍摄的声音录制过程中，麦克风起到很大的作用。麦克风的主要特点是音质好，不需要电源供给，但价格相对较高。

所有具有视频功能的 DSLR 相机都具有内置的麦克风，它们把声音作为视频文件的一部分直接录制。遗憾的是，当前使用内置麦克风录制的声音品质无法与 DSLR 相机创建的图像品质相匹配。这是因为内置麦克风总会拾取到相机的机械噪声（自动对焦和图像稳定系统等），因为它必须很小（因此导致品质低）才能安放到相机机身内。

录制满意声音所需的条件与拍摄好图像所需的条件不同。声音能够录制到所有对象产生的声音。相机自身所处的位置向来不会是录制现场音的最佳位置，如果想要使用现场音资料，则需要用辅助麦克风或者独立录制设备。

6.3.1 麦克风类型

内置麦克风

如果相机没有麦克风插槽，我们就无法录制现场音，或者只能借助独立的录制设备。对于相机内置麦克风所录制的现场音，我们想要调整声音的质量、电平或动态范围是不可能的，如图 6-4 所示。

图 6-4 内置麦克风

DSLR 相机内置麦克风的典型安装位置

辅助麦克风

独立录制声音是捕获现场音的最佳方法，但需要使用额外的设备，而且通常需要团队合作，如图 6-5 所示。

图 6-5 相机辅助麦克风

6.3.2 麦克风技术

动圈式麦克风

动圈式麦克风是比较大的，有圆形、网格、球形等，动态麦克风并不需要一个外部电源，它们有多种可供选择。

这种麦克风简单、牢固，常用在声音大的环境中，以免声音电平峰值处出现失真。然而，它们不太适合录制安静的声音。不同的动圈式麦克风具有不同的敏感范围，但它们的音色通常更适合录制特定的音源（如乐器），而不是捕获一般的现场音。动圈式麦克风自身没有电源，如图 6-6 所示。

图 6-6 动圈式麦克风

动圈式麦克风的作用与扩声器不同。它把声音转化为电信号，而不需要外部电源。它们适合应用于较大而嘈杂的环境中。这种麦克风不适合录制较为安静的声音。

电容式麦克风

电容式麦克风有不同的类型，非常灵敏，适合各种应用。

这种麦克风需要独立的电源，可以用电池供电，也可以通过电缆连接到调音台。它们产生的声音通常更加均衡，其频率范围比动圈式麦克风大。然而，它们敏感度高，更易受到干扰噪声和背景噪声（如风噪）的影响。电容式麦克风在录制大的噪声时可能出现失真。

图 6-7 电容式麦克风

电容式麦克风录制较大的声音时容易出现失真现象。这种麦克风显现的声音比动圈式麦克风更均衡，同时此类麦克风也易受风噪的干扰，如图 6-7 所示。

驻极体式麦克风

驻极体式麦克风使用的换能器与电容式麦克风相同，这种麦克风体积小、结构简单、电声性能好。其价格低、尺寸紧凑、低功耗，以及相对较好的声音再现特性使它们成为移动设备中的最佳选择。如电话、头戴式受话器和手机，如图 6-8 所示。

图 6- 8 驻极体式麦克风

这种麦克风也广泛用于盒式录音机、无线话筒及声控等电路中。属于最常用的电容话筒。由于输入和输出阻抗很高，所以要在这种话筒外壳内设置一个场效应管作为阻抗转换器，为此驻极体电容式话筒在工作时需要直流工作电压。

单声道和立体声麦克风

大多数麦克风有单声道和立体声。立体声麦克风由两个独立麦克风组成，这样可以将来自不同方向的声音分开，把它们录制到单独的通道上。并不是所有的相机内置麦克风都是立体的。

指向性

麦克风最重要的特性就是其指向性。指向性说明了它对所录制声波射入角度的敏感程度。了解麦克风的指向性就能更有效地使用它。指向性有三种类型：全向、单向和双向。全向麦克风用同样的敏感度录制来自全方位角度的声音。单向麦克风只录制来自其前方的声音，同时消除其他方向的声音。

双向麦克风突出来自其前方与后方的声音。麦克风的指向性取决于其总体构造。扩展配件可以调整麦克风的指向性。指向性与麦克风内置的换能器的类型无关，取决于其总体构造。

6.3.3 麦克风的配件

遮风罩

挡风罩一般用在录音设备上用于减少室外收音时环境中的杂音对录音的干扰，提高声质。防风罩通常是由海绵材质制成的。在正常的视频拍摄中，环境的杂音包括脚步声、风声都会给音质造成影响，所以挡风罩的作用至关重要，千万不可忽略。

遮风罩是重要的麦克风配件。大多麦克风都会配备金属或塑料网眼罩，以用来保护内部薄膜，如图 6-9 所示。

图 6-9 麦克风遮风罩

避震

为防止三脚架震动产生的杂音，麦克风、相机及三脚架之间应有橡胶减震垫。在将辅助麦克风连接到相机的时候也应使用橡胶减震垫，如图 6-10 所示。

橡胶木减震垫也可防止麦克风拾取和录制相机内部自动对焦和图像稳定系统所产生的噪声。

图 6-10 麦克风减震垫

外置录音机

影视方面的专业录音最好采样频率能够达到 **16bit/48kHz**。专为录制小电影及家用 **DV** 机配套设计的微型摄像机录音机，其结构小巧、重量轻，能拾取自然声响，灵敏度高，指向性强，拾音距离远且清晰、自然。想要拍出大片感的视频，不仅画面需要有大片感，声音同样需要有大片感。在这里，如果条件允许的话，外置录音机可以帮到大忙。

外置录音机是区别于相机内部本来就配置的录音设备而单独使用的录音设备，外置录音机的功能普遍要比相机内置的录音机强大，并且对于远程拍摄过程中声音大量消逝在空气中的情况可以很好地解决，外置录音机可以和相机分开使用，所以不受机位的限制，如图 **6-11** 所示。

图 6-11 外置录音机

吊杆

在电影电视拍摄现场经常会看到有录音人员举着一个长杆，这种吊杆通常是配合话筒使用的，杆子的顶上架着一支话筒，吊杆为了让录音人员站在画面外，而把话筒尽量贴近演员，录到较好的声音。

拍摄视频时，伸缩臂是最重要的麦克风支架。这种相对简单的工具使录音师可以把麦克风定位在讲话者的附近，录到好声音的同时也能确保录音师与麦克风都不出现在画面里。

常见的吊杆有铝合金和碳纤维两种材质。铝合金的吊杆比较重，价格低，同时会对电波信息产生干扰。碳纤维的吊杆比较轻巧，价格贵，视频拍摄过程中经常使用到的收音道具——吊杆、收音话筒和挡风罩，如图 6-12 所示。

图 6-12 吊杆

6.6 插头与适配器

6.6.1 插头

除无线麦克风之外，所有麦克风都都必须连接到相机或录音设备上，通常要使用电缆和插头。3.5mm 插头是 DSLR 相机中最常见的内置连接类型，而一些高端麦克风使用更大的 6.35mm 插头，如图 6-13 所示。

图 6-13 各种类型音频插头

6.6.2 适配器

拥有一些简单的适配器，那么在使用相机与麦克风时便不必为其插槽不匹配而烦恼。因为这两种类型的插头和插槽都可以选用一些简单的适配器，如图 6-14 所示。

专业麦克风和录音设备通常设计为 XLR 类型的插头系统。

图 6-14 插头适配器

6.6.3 卡侬头

图 6-15 卡农头产品

与莲花头、3.5mm 头一样，卡侬头也是一种音频接口头。但卡侬头是一种更高端的音频接口，是专为电容麦等高端话筒服务的，如图 6-15 所示。

"卡侬"是由英文 CANNON 音译来的。我们都知道任何一种接口都有公头和母头，卡侬头也不例外。卡侬头分为很多种类：两芯、三芯、四芯、大三芯等，但最常见的还是三芯卡侬头。

三芯卡侬头分为接地端、热线（又称火线）、冷线（又称零线），分别接到话筒上相应的位置，这与三相插头很像。如果使用的电容麦想连接到计算机上，必须通过 48V 的换相电源或话放才能把声音正常输入到电脑上。

调音台

调音台又称调音控制台，它将多路输入信号进行放大、混合、分配、音质修饰和音响效果加工，是现代电台广播、舞台扩音、音响节目制作等系统中进行播送和录制节目的重要设备。调音台按信号出来方式可分为：模拟式调音台和数字式调音台，如图 6-16 所示。

调音台调整录音的音色和质量放大话筒采集到的声

图 6-16 调音台

音信号。在使用多支话筒同时录音时，多轨录音台可平衡话筒件的声音比例。

在进行一般的视频拍摄时，小型四轨的调音台即可满足需求，而且携带也较为方便。

根据使用目的和使用场合的不同，调音台分为以下几种。

（1）立体声现场制作调音台

（2）录音调音台

（3）音乐调音台

（4）数字选通调音台

（5）带功放的调音台

（6）无线广播调音台

（7）剧场调音台

（8）扩声调音台

（9）有线广播调音台

（10）便携式调音台

耳机

　　耳机根据其换能方式分类，主要有：动圈方式、动铁方式、静电式和等磁式。从结构上分为半开放式和封闭式；从佩带形式上分类则有耳塞式、挂耳式、入耳式和头戴式；从佩戴人数上分类则有单人耳机和多人耳机；从音源上区别，可以分为有源耳机和无源耳机，有源耳机也常被称为插卡耳机。

　　使用封闭式耳机，我们可以有效地录制声音的电平。耳机必须消除所有环境噪声。头戴式耳机就是一种适合的选择。其优点为声场好，舒适度高；不入耳，避免擦伤耳道；相对于入耳式耳塞，可听更长时间。在影片拍摄中，外部录音对监听耳机的要求并不高，挑选时最核心的并不是音质而是隔音效果，所以尽量挑选可以包住整个耳朵的那种耳机，尽量隔绝外界声音，如图 6-17 所示。

图 6-17 头戴式耳机

录制好音频的基本规则

找专业人士进行麦克风的设置、声音录制和后期处理。

尽可能地避免背景噪声，现场音频的考虑应全面细致，细微之处的环境噪声都可能降低整体品质。对于用独立声音录制设备录制的现场音，我们也需要用编辑软件将它混合到视频文件中。视音频的同步是其难点。与相机直接录制的声音不同，单独录制的声音需手工同步。

在设备器材等有选择的情况下，尽量选择好的录制品质。

录制现场音

使用高品质的设备独立录制声音，也应使用相机内置的麦克风或安装在相机附件插靴上的防震麦克风直接录制现场音。这样使日后配音和同步音轨工作会变得容易。一般单反相机只支持单声道录音。

当相机机身使用内置的话筒录音时，我们无法调整话筒与录音对象的距离，此时我们可能录下相机在操作中的对焦、变焦等机械声，同时周围细微的嘈杂声也会被收录。在使用中，如果我们能添加具有指向性的外置话筒替代机身内部的话筒，这样即可改善录音效果。

● 机身上安装话筒后，调整好机器电平设置，对于声音要求不高的拍摄情况，这样即可满足拍摄需要了。
● 如果使用的单反相机没有可调节的手动电平控制，而必须使用相机内置录音的话，可增加音频控制装置解决问题。
● 音频控制器可安装在单反相机的底部，这种音频控制设备，可单独调节，支持多路信号的输入。

配音

配音是为影片或多媒体加入声音的过程。也可狭义地指配音演员替角色配上声音，或以其他语言代替原片中角色的语言对白。同时由于声音出现错漏，由原演员重新为片段补回对白的过程亦称为配音。录制摄影时演员的话音或歌声用别人的替代，也称为"配音"。配音是一门语言艺术，是配音演员们用自己的声音和语言在银幕后、话筒前进行塑造和完善各种活生生的、性格色彩鲜明的人物形象的一项创造性工作。

配音虽也属话筒前的语言艺术范畴，但它不同于演播，可以自己根据理解去设计语调、节奏；也不同于新闻解说，可以根据画面平叙直述。影视配音要求配音演员绝对忠实于原片，在原片演员已经创作完成的人物形象基础上，为人物进行语言上的再创造，如图 6-18 所示。

配音演员受到原片人物形象、年龄、性格、社会地位、生活遭遇、嗓音条件等诸多因素的限制，同时要求配音演员根据片中人物所提供的所有特征，去深刻地理解、体验人物感情，然后调动演员本身的声音、语言的可塑性和创造性去贴近所配人物，使经过配音的片中人物变得更丰满、更富有立体感。

图 6-18 配音器材

经验分享 选择摄像机内置的麦克风还是外置麦克风

　　内置和外置的麦克风的区别在于用途，对于消费级的数码摄像机来说，很多麦克风都安装在机体里面，这样的好处是能节省空间，但是这样一来，内置麦克风可能会在录音的同时录下机器转动的声音，这些噪声在后期制作中很容易分辨，却很难分离和去掉。

　　外置麦克风可以方便拾取微弱的声音，外置麦克风可以置于内置麦克不能放置的地点完成任务。在远程收音的过程中，当声音传到内置麦克风时已经损耗了很多，而外置的麦克风可以配合吊杆等辅助道具，即使是远程收音，也可以将话筒放在声源附近从而避免声音消逝。从功能上来看，外置麦克风也要好于内置麦克风，如图 6-19 所示。

图 6-19 效果图

经验分享 降低环境噪声

在拍摄过程中尽量避免去到嘈杂的环境拍摄，也可以将时间选择在清晨或者晚上，排除周围杂音对收音的干扰，同时配合挡风罩的使用，最大程度上避免户外收音过程中杂音对音质的影响。如果是在室内收音，找一个隔音效果较好的房间，最好是专业的影棚，最大程度上避免外部环境对室内收音的干扰。

常见的噪声源有以下几种。

滴答声

当发现有滴答声时，首先应该检查音频连接，以及麦克风电缆是否出现打结断裂。滴答声在电源供电短暂暂停后最容易出现。

嘶嘶声

如同摄影中感光度设置过高或出现图像高速噪点一样，麦克风内的换能器也会出现同样的现象。当信噪比太高时，会产生干扰。如果在很远的距离录制微弱的声音，麦克风的敏感度电平设置得太高，就会出现这种情况。

相机噪声

当使用相机内置麦克风时，消除相机噪声有效的方法是关闭自动对焦与图像稳定系统所产生的杂声。

有效阻断这种噪声的另一方法是使用单独的麦克风和录制设备，并把它们放置到离相机比较远的地方。

风噪

避免风噪的最佳方法是使用皮毛防风套。

经验分享 在录音棚里录制后期配音

　　在前期的收音阶段可能会受到当时环境的影响，或者是出现拾取的声音不完整或者不能符合后期要求的，就需要去录音棚进行后期配音。录音棚的隔音效果以及设备更加专业，出来的声音质量更加完美。当然如果是为了效果而可以保留现场声的部分就不要配音，如图 6-20 所示。

图 6-20 录音棚

认识会声会影

- 认识会声会影 X7
- 了解会声会影 X7 的工作界面

认识会声会影 X7

在数码科技日新月异的时代，电子产品标准的大众化速度也是相当惊人的，在普通家庭中，数码照相机、数码摄像机已经被广泛应用了。人们喜欢拍摄自己平时的生活片段，不论是结婚庆典、宝贝成长、旅游记录，还是生日派对、毕业典礼等美好时刻，都可以输入电脑进行剪辑、配音等处理，最后刻录成光盘与他人分享或者是永久保存下来。利用视频编辑软件对视频素材进行编辑，大家都可以制作出理想的视频作品。寻找一款方便、实用的优秀视频编辑软件显然不是一件容易的事，尽管现在市面上有很多视频编辑软件，有些对于家庭来说价格昂贵，有的就太复杂不适合普通大众使用。所以，Ulead 公司为个人及家庭用户推出了一款更加方便易用的视频编辑软件——会声会影。

会声会影是非常受欢迎的视频编辑软件，简单易学，功能强大，业余爱好者和专业人员都适用。会声会影可以轻易地制作出非常有特色的视频，是编辑视频、音频、图片、动画的好帮手。会声会影 X7 是一款多合一视频编辑器，集创新编辑、高级效果、屏幕录制、交互式 Web 视频和各种光盘制作方法于一身。它速度超快并随附提供各种直观工具，使你能够创建各种媒体，从家庭影片和相册到有趣的动画定格摄影、演示文稿的屏幕录制以及教程等。利用高级合成功能和一流的创意效果充分发挥你的创造力。利用前所未有的快速多核处理器挖掘你的计算机的全部处理能力。利用本机 HTML5 视频支持和增强的 DVD 及 Blu-ray 制作，随时随地实现共享。

7.1.1 会声会影中的新功能

屏幕捕获——可以使用"活动屏幕捕获"选项立即捕获计算机屏幕上的鼠标移动和其他操作。对于需要计算机可视环境的演示，这是一种极佳方式。它是制作培训和演示视频的最佳方式。如果可视范围不够，还可以定义捕获区域并同时录制画外音，以便用户更好地理解视频！

轨道可视性——就像在 Corel PaintShop Pro 这样的照片编辑软件中显示和隐

藏图层一样，只需使用一个按钮即可在"时间轴"中启用或禁用任何轨道！当渲染视频时，禁用轨道可将媒体排除在外。

3D 视频支持——热衷于 3D 媒体，可使用 3D 摄像机或相机中自己的家庭视频和照片制作 3D 影片。将视频和照片标记为 3D 媒体素材后，就可以在"素材库"和"时间轴"中轻松地识别它们。

Corel Paint Shop Pro 图层支持——为视频和照片软件提供最强的互操作性！可以将 Corel PaintShop Pro PSPIMAGE 文件 (*.pspimage) 直接导入会声会影！作为一项新增功能，程序将自动检测每个文件中的图层，这些图层可用作视频轨、背景轨和覆叠轨中的单个媒体素材。

可选粘贴属性——要增强视频中的媒体素材自定义功能，现在可以选择要应用于"时间轴"中其他素材的媒体素材属性。

用于网络的 HTML5 输出——会声会影现已支持 HTML 5。可以创建具有更强交互性的视频，支持将视频共享到网站的最新技术。将超链接嵌入视频中，并从可用的项目维度预设值中进行选择。

更多覆叠轨——使用 21 种编辑轨道处理媒体素材，探索视频编辑的可能性。

更多刻录选项——利用增强的刻录和制作集成功能，现在可以从 ISO 光盘镜像文件创建多份副本！

7.1.2 会声会影的主要特点和新增功能

会声会影 X7 在会声会影 X5 的基础上新增了许多有用的功能。因此软件操作更加方便，视频捕获更加智能化，影片输入更加多样化。其中新增的功能列举如下。

（1）视频的摇动和缩放功能。在视频拍摄过程中，如果用相机拍摄，镜头的推拉效果可能不太理想，可以用视频的缩放功能来缩小或扩大局部特写，从而使得主题更加鲜明突出，如图 7-1 所示。

（2）视频的色彩校正功能。拍摄视频时，有时会因天气、光线的原因导致拍摄的影片质量不好，我们可以通过色彩校正来改变它的亮度、对比度、色调和饱和度等，如图 7-2 所示。

图 7-1 视频的摇动和缩放效果　　　　　　图 7-2 通过色彩校正，改变视频的色调

（3）新增转场效果。会声会影 X7 中新增了 NewBlue 样品转场特效，包含了 3D 彩唇、3D 比萨饼盒、色彩融化等。还添加了闪光转场、图像遮罩和擦拭效果等，如图 7-3 ～图 7-5 所示。

图 7-3 图像闪光效果　　　　图 7-4 3D 比萨饼盒效果　　　　图 7-5 擦拭流动闪光效果

（4）情境视频滤镜。视频拍摄过程中，由于画面的需要，而当时的环境又不能满足其需要，我们可以在 会声会影中加入需要的效果，让自己的影片与众不同，如图 7-6、图 7-7 所示。

图 7-6 雨滴视频滤镜效果　　　　　　　　图 7-7 云彩视频滤镜效果

7.1.3 系统要求

最低系统要求

1.Intel Core Duo 1.83-GHz 处理器或 AMD Dual Core 2.0-GHz 处理器，Microsoft Windows 7 SP1（32 位或 64 位版本），Windows Vista SP1 或 SP2（32 位或 64 位版本）或 Windows XP SP3 操作系统软件。

2. 内存 2 GB RAM。

3. 最低显示分辨率：1024×768。

4.Windows 兼容声卡，Windows 兼容 DVD-ROM（用于程序安装），Windows 兼容 DVD 刻录机（用于 DVD 输出）。

硬件加速

通过硬件加速优化，会声会影优化系统性能，具体取决于硬件规格。

提示：

硬件解码器和编码器加速仅受 Windows Vista 和更高版本的 Windows 操作系统软件支持，且要求至少 512 MB 的 VRAM。

更改硬件加速设置：

1. 选择"设置 > 参数选择"命令，快捷键 [F6]。

2. 单击性能选项卡，然后选择编辑过程和文件创建下的以下选项。

启用硬件解码器加速——通过使用计算机可用硬件的视频图形加速技术增强编辑性能并改善素材和项目回放。

启用硬件编码器加速——缩短制作影片所需的渲染时间。

要获得最佳性能，VGA 卡必须支持 DXVA2 VLD 模式及 Vertex 和 Pixel Shader 2.0 或更高版本。

了解会声会影 X7 的工作界面

会声会影的界面和升级之前的版本一样，界面简单、很容易使用，操作起来非常方便灵活，其界面如图 7-8 所示。

图 7-8 会声会影工作界面

会声会影的最上面一栏是菜单栏，菜单栏上有 4 个主要选项，分别是"文件"、"编辑"、"素材"和"工具"，菜单栏右边是标签栏，分别是"捕获"、"编辑"和"分享"。中间是视频编辑的预览窗口，单机播放按钮▶可以预览单个的照片或影片素材内容。预览窗口的默认值为 320 像素×240 像素，可以单击➡按钮进行全屏预览。最右边的是素材库，例如声音、视频、图像、色彩、音频等。还可以把自己喜欢的声音和视频导入素材库做备用素材。也可以编辑、删除视频，编辑视频时，可以选择自己想要的视频效果。最下面的窗口是时间轴窗口，从上到下依次是视频轨、放置覆叠素材的"覆叠轨"、放置文本素材的"标题轨"，还有用来放置音乐的"声音轨"和"音乐轨"。

移动面板

双击播放器面板、时间轴面板或素材库面板的左上角。面板处于活动状态时，可以最小化、最大化，以及调整各个面板大小。

提示：

对于双显示屏设置，还可以将主应用程序窗口外的面板拖动到第二个显示屏区域。

要自定义程序窗口的大小

1. 单击 ▣ 还原按钮，拖动程序窗口的末端至所需大小。

2. 单击 ▢ 最大化按钮可进行全屏幕编辑。

7.2.1 项目面板

在运行会声会影时，程序会自动打开一个新项目，让用户开始视频作品制作。第一次使用会声会影时，新项目将使用会声会影最初的默认设置。项目设置决定了在预览项目时视频项目的渲染方式。可以在"项目属性"对话框中修改项目设置，下面具体介绍创建项目的相关内容。

项目时间轴

"项目时间轴"是组合视频项目中的媒体素材的位置。"项目时间轴"中有两种视图显示类型：故事板视图和时间轴视图。单击"工具栏"左侧的按钮，可以在不同视图之间切换，如图 7-9 所示。

图 7-9 项目时间轴

故事板视图

整理项目中的照片和视频素材最快和最简单的方法是使用"故事板视图"。故事板中的每个缩略图都代表一张照片、一个视频素材或一个转场。缩略图是按其在项目中的位置显示的，可以拖动缩略图重新进行排列。每个素材的区间都显示在各缩略图的底部。此外，可以在视频素材之间插入转场，以及在"预览窗口"修整所选的视频素材，如图 7-10 所示。

图 7-10 故事面板

时间轴视图

"时间轴视图"为影片项目中的元素提供最全面的显示。它按视频、覆叠、标题、声音和音乐将项目分成不同的轨。

选项面板

选项面板会随程序的模式和正在执行的步骤或轨发生变化。"选项面板"可能包含一个或两个选项卡。每个选项卡中的控制和选项都不同，具体取决于所选素材。

素材库

素材库中存储了制作影片所需的全部内容：视频素材、照片、即时项目模板、转场、标题、滤镜、色彩素材和音频文件，如图 7-11 所示。

图 7-11 素材库

在"素材库"中右键单击一个素材，查看该素材的属性，同时还可复制、删除或按场景分割素材。也可以使用修整标记修整"素材库"中的素材。

按住 [Ctrl] 或 [Shift] 键可选择多个素材，如图 7-12 所示。

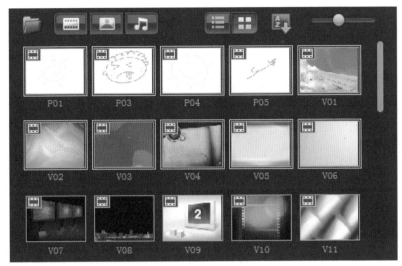

图 7-12 选择多个素材

一、新建项目

所谓项目就是进行视频剪辑等编辑加工工作的文件。Ulead 的项目文件为 VSP 文件，接下来介绍新建项目的步骤。

STEP 1: 启动会声会影并进入"会声会影编辑器"，单击菜单栏中的"文件 > 新建项目"命令（或按快捷键 Ctrl+N），如图 7-13 所示。

STEP 2: 单击"捕获"步骤选项卡进入设置界面，然后单击"捕获文件夹"右侧的 📁 按钮，如图 7-14 所示。弹出如图 7-15 所示的"浏览文件夹"对话框，指定项目文件保存的路径，在其中单击 新建文件夹(M) 按钮，可以创建新的文件夹。

图 7-13 执行"新建项目"命令 图 7-14 设置捕获文件夹 图 7-15 "浏览文件夹"对话框

STEP 3: 单击 ▢确定▢ 按钮，程序将自动切换到"捕获"步骤选项卡界面，之后便可以进行捕获视频的操作。

● 提示：1. 会声会影的项目文件为 *.VSP 格式的文件，用来存放制作影片所需要的必要信息，包括视频素材、图像素材、声音文件、背景音乐特效及字幕等。但是项目文件本身并不是影片，只有在最后的"分享"步骤中，经过渲染输入，才能将项目文件中的所有素材链接在一起，生成最终的影片。2. 在新建文件夹时，最好指定到系统盘（通常是 C 盘）以外其他的具有较大剩余空间的硬盘分区，这样可以为系统盘留出更多的硬盘交换空间。

二、保存项目

在影片编辑过程中，保存项目非常重要。编辑影片后保存项目文件，即可保存视频素材、图像素材、声音文件、背景音乐特效及字幕等所有信息。如果对保存后的影片有不满意的地方，还可以重新打开项目文件，修改其中的部分属性，然后利用修改后的各个元素渲染新的影片，具体步骤如下。

STEP 1: 单击"文件 > 保存"命令或按快捷键【Ctrl+S】保存项目，如图 7-16 所示。

STEP 2: 弹出如图 7-17 所示的"另存为"对话框，在其中指定项目文件保存的文件名和路径，然后单击"保存"按钮即可保存项目。

图 7-16 执行"保存"命令　　　　　图 7-17 "另存为"对话框

三、另存为项目

另存为项目和保存项目相似，但和保存项目不同的是另存为项目可以将项目文件保存为另外的文件名，或保存到其他的路径，具体步骤如下。

STEP 1: 单击"文件 > 另存为"命令，如图 7-18 所示。

STEP 2: 弹出如图 7-19 所示的"另存为"对话框,根据需要选择保存文件的路径或文件名,然后单击"保存"按钮即可。

图 7-18 执行"另存为"命令　　　　　图 7-19 "另存为"对话框

四、打开项目

如果想要打开一个已经保存过的会声会影文件,重新进行设置,可以使用以下两种方式。

方式一:直接使用【Ctrl+O】组合键,弹出对话框。

方式二:单击"文件 > 打开项目"命令,也会弹出如图 7-20 所示的"打开"对话框。

五、项目属性设置

项目属性设置包括项目文件信息设置、项目模板属性设置、文件格式、自定义压缩及音频设置,接下来做详细的介绍。

启动会声会影进入会声会影编辑器,在菜单栏单击"设置 > 项目属性"命令,如图 7-21 所示,弹出如图 7-22 所示的对话框。

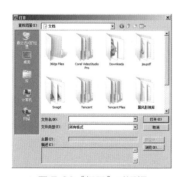

图 7-20 "打开"对话框　　　图 7-21 单击"项目属性"命令　　图 7-22 "项目属性"对话框

● 提示：如果插入了视频再打开"项目属性"对话框，那么在该对话框中就会显示被插入视频的相关信息。

（1）项目文件信息。显示与项目文件相关的各种信息，如文件大小和区间等，如图 7-23 所示。

（2）项目模板属性。显示项目使用的视频文件格式和其他属性，如图 7-24 所示。

图 7-23 显示的项目文件信息

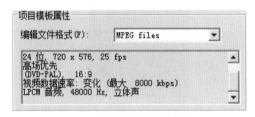

图 7-24 选择编辑文件的格式

（3）编辑文件格式。选取用于创建最终影片所使用的视频格式，如图 7-25 所示。

（4）"编辑"按钮，如图 7-26 所示，单击该按钮，可打开如图 7-27 所示的"项目选项"对话框，在此可以针对所选的文件格式自定义压缩，并进行视频和音频设置。

图 7-25 选择编辑文件的格式

图 7-26 单击"编辑"按钮

图 7-27 "项目选项"对话框

7.2.2 输出影片

检测影片正确无误后单击"下一步"按钮进入创建 VCD 的最后一步"输出影片"，如图 7-28 所示。

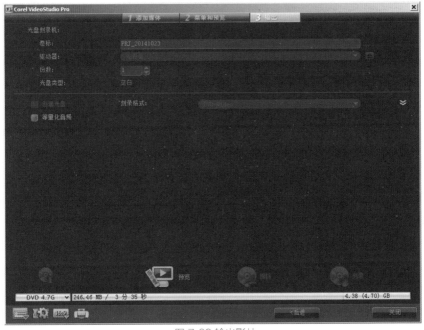

图 7-28 输出影片

　　在此可以将影片输出为视频文件或磁盘音响文件，如果计算机上已经安装了刻录机，可以直接将影片刻录为 VCD 光盘。

STEP 1: 设置文件名称。该名字的长度要限制在 32 个字符以内。

STEP 2: 选择输出的格式和任务。在输出设置选项中可以选择一个或多个输出任务，在刻录的光盘中有时可能需要附带一个播放器或录制一些个人数据，会声会影也提供了这样的功能，在弹出的"输出选项"对话框中选中"为台式 DVD+VR 录像机保留最大 30MB 的菜单"复选框，如图 7-29 所示。

STEP 3: 在刻录光盘之前，可以对要刻录的光盘进行项目设置。单击"项目设置"按钮 ，弹出如图 7-30 所示的对话框，在该对话框中可以对光盘的属性进行设置。

STEP 4: 在光盘刻录选项中选择刻录机，设置刻录速度等属性。

STEP 5: 在向导界面右下角单击"刻录"按钮 即可输出影片。

图 7-29 选中选项菜单

图 7-30 "项目设置"对话框

所有任务完成后单击"关闭"按钮，关闭创建光盘向导，整个影片输出过程完成。

7.2.3 视频管理

模拟摄像机的视频采集需要具备 1394 采集卡、1394 采集线、会声会影采集软件。

方法：

（1）用 1394 采集线将摄像机与计算机连接——使摄像机处于 PLAY(播放) 状态；

（2）启动"会声会影编辑器"；

（3）单击"捕获"步骤；

（4）单击"捕获视频"按钮（自动识别设备及型号）；

（5）捕获格式默认；

（6）单击"捕获文件夹"按钮，选择捕获到的位置，如选择 E 盘，单击"确定"按钮；

（7）将磁带倒到开始处——单击"捕获视频"按钮，等待捕获自动完成；

（8）关闭软件，关闭摄像机。

数码高清摄像机视频的采集

（1）将闪存卡插在读卡器上与计算机连接（注：有的相机是硬盘，则用连接线直接与电脑连接即可）；

（2）双击"我的电脑"；

（3）右击可移动磁盘——杀毒；

（4）再打开可移动磁盘；

（5）找到视频文件——选中；

（6）单击"编辑"菜单——复制；

（7）再打开"我的电脑"；

（8）选择光盘位置（如 E 盘）——选择"编辑"；

（9）关闭窗口——退出可移动磁盘。

7.2.4 音频管理

从无声电影的衰落很容易看出声音对于影片的重要性，没有声音再优美的画面也会黯然失色。优美的背景音乐和深情的声音更能让观众置身于影片中，情感更能随情节跌宕起伏。我们平时观看的影视作品中，九成以上的声音都是经过后期处理的，因为在实际拍摄过程中，很难采集到合适的对白或者音效，而背景音乐就更不可能同步处理完成了。所以影片的音频处理是必不可少的。

一、音频介绍

人类能够听到的所有声音都称之为音频，可能包括噪声等，音频是个专业术语。声音通过录制下来后，可以通过数字音乐软件处理，无论是说话声、歌声、乐器声，也可以把它制作出 CD。当然，这里的所有声音都没有改变，因为 CD 本身就是音频文件的一种类型，而音频只是存储在计算机里的声音，如果为计算机加上相应的音频卡，就是我们经常说的声卡，我们可以把所有的声音录制下来，声音的声学特性如音的高低等都可以用计算机硬盘文件的方式存储下来。相反，我们也可以把存储下来的音频文件用一定的音频程序播放，还原以前录下的声音。

二、音频步骤介绍

在会声会影中使用简单的方法就可以向影片中加入背景音乐和声音，并且不需要任何其他的软件就能从 CD 上获取音乐。音频步骤包含两个轨道：声音轨和音乐轨。声音轨用来录制声音，音乐轨用来加入背景音乐或特效音。相应的，在音频步骤所对应的选项卡上也有"音乐和声音"、"自动音乐"两个选项卡。

（1）音乐和声音选项卡

音乐和声音选项卡为用户提供了简单易用的录制和调整声音的方法。其界面如图 7-31 所示。其中各选项的含义如下。

🕐 区间：以"时：分：秒：帧"的形式显示音频轨的区间。可以通过输入期望的区间，来预设录音在"声音轨"和"音乐轨"的长度，以及调整录音和音乐的位置。

🔊 素材音量：指定音量的大小。可以在后面的文本框中直接键入数值指定，也可以单击后面的调整按钮，在弹出的音量调节器中拖动滑块来指定，如图 7-32 所示。在选中声音轨上的声音素材时，该选项方才启用，在该对话框的音频选项中可以看到声音的属性。

图 7-31 "音乐和声音"选项卡

图 7-32 通过拖动滑块指定音量大小

📶 淡入：设置声音为淡入效果，也就是声音逐渐增大到某一程度，平滑过渡。要设置淡入的区间，可执行"文件 > 参数选择"命令，在弹出的"参数选择"对话框的"编辑"选项卡中进行设置。

📶 淡出：设置声音为淡出效果，也就是声音在结束的时候慢慢减小音量。设置淡出效果的区间与淡入效果的区间一致。

🎬 速度 / 时间流逝：单击此按钮，可弹出"速度 / 时间流逝"对话框，在该对话框中可以设置素材的播放速度，如图 7-33 所示。

🎬 音频滤镜：会声会影允许用户将音频滤镜应用到音乐和声音轨中的音频素材上，如长回音、等量化、放大和混响等。仅在时间轴视图中才可以应用音频滤镜。单击"音频滤镜"按钮，弹出如图 7-34 所示的对话框，可以根据自己的需要选择滤镜。

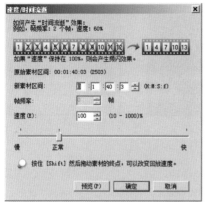

图 7-33 "速度 / 时间流逝"对话框

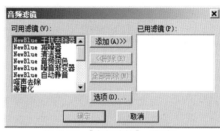

图 7-34 "音频滤镜"对话框

（2）自动音乐选项卡

"自动音乐"选项卡可用来为影片录制背景音乐和修改加入音乐轨的声音素材。

各选项的含义如下。

区间：显示所选音乐的总区间。

素材音量：调整所选音乐的音量。值为 100 时可以保留音乐的原始音量。

淡入：逐渐增加素材的音量，与声音轨的设置方式一样。

淡出：逐渐减小素材的音量，与声音轨的设置方式一样。

运用"淡入"、"淡出"调整素材音量，可以获得平滑的过渡效果。

7.2.5 特效管理

应用动画

使用标题动画工具（如："淡化"、"移动路径"和"下降"）可以将动画应用到文字中。

将动画应用到当前文字中

STEP 1: 在属性选项卡中选择动画和应用，如图 7-35 所示。

STEP 2: 从类型下拉列表中选择动画类别，从框中选择特定的预设动画，如图 7-36 所示。

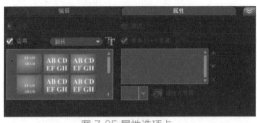

图 7-35 属性选项卡　　　　　　　　图 7-36 下拉列表

STEP 3: 单击自定义动画属性按钮，打开用于指定动画属性的对话框。

STEP 4: 对于一些动画效果，可以拖动暂停区间拖柄以指定文字在进入屏幕之后和退出屏幕之前停留的时间长度，如图 7-37 所示。

图 7-37 暂停区间拖柄

应用标题效果

使用预设"标题效果"（如"气泡"、"马赛克"和"涟漪"）将滤镜应用到文字中。标题滤镜位于不同的标题效果类别内。

将标题滤镜应用到当前文字中

STEP 1: 单击滤镜并在"画廊"下拉菜单中选择标题效果。"素材库"显示了"标题效果"类别下的各种滤镜的缩略图，如图 7-38 所示。

图 7-38 滤镜素材库缩略图

STEP 2: 选择"时间轴"中的素材,然后选择素材库显示的缩略图中的标题滤镜,如图 7-39 所示。

图 7-39 标题滤镜素材

STEP 3: 将该标题滤镜拖放到"标题轨"中的素材上,如图 7-40 所示。

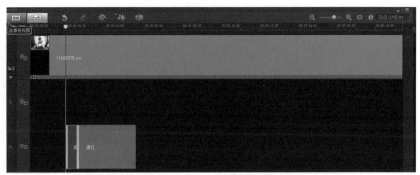

图 7-40 标题轨

默认情况下，素材所应用的滤镜总会由拖到素材上的新滤镜替换。在"选项面板"的属性选项卡中，清除替换上一个滤镜可以对单个标题应用多个滤镜。

STEP 1: 单击"选项面板"属性选项卡下的自定义滤镜可以自定义标题滤镜的属性。可用的选项取决于所选的滤镜。

STEP 2: 用"导览"工具可预览应用了视频滤镜的素材的外观。

修改文字的属性

使用"标题库"的"编辑"选项卡中可用的设置可修改文字的属性，如：字体、样式和大小等。单击"标题库"的标题，然后转到"编辑"选项卡应用修改文字属性的可用选项，如图 7-41 所示。

图 7-41 选项面板

可借助更多选项设置文字的样式和对齐方式,对文字应用边框、阴影和透明度,以及为文字添加文字背景。

添加色彩素材

色彩素材是单色背景。可使用"素材库"中预设的色彩素材，也可以创建新的色彩素材。例如，插入黑色的色彩素材作为片尾鸣谢字幕的背景。

在"色彩库"中选择色彩素材

STEP 1: 从"素材库面板"中选择图形，从"素材库"下拉列表中选择色彩，如图7-42所示。

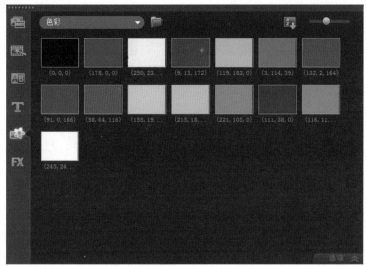

图 7-42 图形色彩素材库

STEP 2: 在"素材库"中选择所需色彩，并将其拖放到视频轨或覆叠轨上，如图7-43所示。

图 7-43 将色彩拖放到视频轨上

STEP 3: 要添加"素材库"之外的其他色彩，请单击"色彩选取器"旁边的颜色框。在此，可以从"Corel 色彩选取器"或"Windows 色彩选取器"中选择一种色彩，如图7-44所示。

STEP 4: 在"选项面板"中设置色彩素材的区间,如图 7-45 所示。

图 7-44 色彩选取器

图 7-45 色彩区间

添加 Flash 动画

通过将 Flash 动画作为覆叠素材添加,可以为视频带来更多活力。

STEP 1: 从 图形库的下拉列表中选择 Flash 动画,如图 7-46 所示。

STEP 2: 选择一个 Flash 动画并将其拖放到覆叠轨上,如图 7-47 所示。

STEP 3: 单击属性选项卡,如图 7-48 所示。

STEP 4: 在属性选项卡中自定义 Flash 动画,如图 7-49 所示。

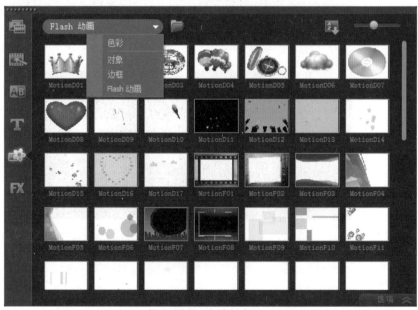

图 7-46 Flash 素材库

图 7-47 将 Flash 素材拖放到覆叠轨上

图 7-48 Flash 选项框

图 7-49 自定义动画

添加对象或边框

将装饰对象或边框作为覆叠素材添加到视频。

添加对象或边框

STEP 1: 在"素材库"中选择图形，如图 7-50 所示。

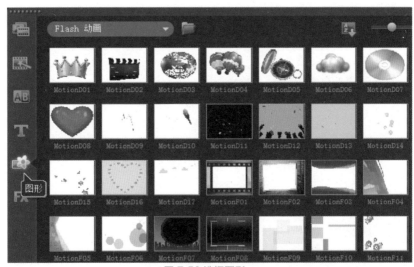

图 7-50 选择图形

STEP 2: 从下拉列表中，选择添加对象或边框，如图 7-51 所示。

STEP 3: 选取一个对象或边框，然后将其拖到时间轴的覆叠轨上，如图 7-52 所示。

图 7-51 下拉列表　　　　　　　　　图 7-52 将对象拖动到时间轴上

STEP 4: 单击属性选项卡以调整此对象或边框的大小和位置，如图 7-53 所示。

图 7-53 选项卡

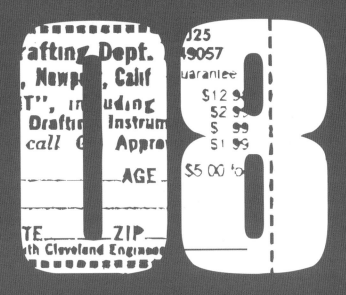

素材的导入及捕获

- 捕获各种媒体素材
- 导入各种媒体素
- 制作动画素材
- 创建屏幕捕获视频

捕获各种媒体素材

会声会影可以从 DVD-video、DVD-VR、AVCHD、BDMV 光盘，包括可录制到内存卡上的摄像机、光盘的内存储器、DV 或 HDV 摄像机、移动设备及模拟和数字电视捕获设备中捕获或导入视频。

捕获视频素材

捕获对于摄影工作者来说是一个非常激动的过程，将捕获到的素材存放在会声会影的素材库中，将更加方便日后的工作。捕获视频是制作视频影片中最重要的一个环节，视频捕获的质量直接关系到影片制作的成败。要捕获高质量的视频文件，采用合理的捕获方法是不可忽视的，当然，好的硬件是非常重要的坚决条件。

预备知识

捕获的设备有很多，因此在捕获过程中经常要接触很多不同的硬件和软件。所以熟悉常用的视频捕获硬件，对初学者来说很有必要。

两类 DV 格式

通常 AVI 文件格式包含了两条数据流，一条是视频流，一条是音频流。而 DV 则只有一条数据流，在该数据流中既包含了视频也包括了声音。

（1）"类型 -1"文件格式。类型 -1 文件格式中的所有 DV 数据将按原来的格式存为一条数据流，在该数据流中既包括音频流也包括视频流。采用这种格式的优势是在捕获视频时不用修改数据格式，这样计算机的运算量比较小，对 CPU 主频较低的计算机更加实用。它的缺点是在对捕获的视频文件进行编辑时还要重新处理，降低编辑效率。

（2）"类型 -2"文件格式。类型 -2 文件格式是将音频流和视频流分别存为不同的数据流。它的优点是直接将 DV 视频捕获为可编辑的视频格式，不用进行额外的处理。

捕获视频

在会声会影中，将影片从摄影机或者其他视频设备录制到计算机的过程称为捕获。将视频来源设备正确连接到计算机上，启动会声会影，系统将自动检查视频来源设备并切换到"捕获"步骤，开始捕获视频，在软件的预览窗口中可以看到视频来源设备中的视频，如果视频捕获卡支持电视屏幕，也可以在电视上观看视频来源设备中的视频，如图 8-1 所示。

"捕获"步骤选项面板

各种类型摄像机的捕获步骤都是类似的，只是"捕获视频选项面板"中的可用捕获设置有所不同。不同类型的来源可以选择不同的设置。在"捕获"步骤中，会声会影显示了"素材库"和"捕获选项面板"，其中有各种可用的媒体捕获和导入方法。

单击"捕获视频"按钮，将视频镜头和照片从摄像机捕获到计算机中。

单击"DV 快速扫描"按钮，扫描你的 DV 磁带并选择想要添加到影片的场景。

单击"从数字媒体导入"按钮，从 DVD-Video/DVD-VR、AVCHD、BDMV 格式的光盘或从硬盘中添加媒体素材。此功能还允许直接从 AVCHD、Blu-ray 光盘或 DVD 摄像机导入视频。

单击"定格动画"按钮，使用从照片和视频捕获设备中捕获的图像制作即时定格动画。

单击"屏幕捕获"按钮，创建捕获所有计算机操作和屏幕上显示元素的屏幕捕获视频。

"捕获"选项卡用于设置捕获视频相关的参数，如图 8-2 所示。

图 8-1 "捕获"步骤选项卡

图 8-2 "捕获"选项卡

从 DV 中捕获静态图像

会声会影捕获的图像的格式可以是 BMP 格式也可以是 JPEG 格式。在"参数选择"对话框中可以对捕获视频文件的格式进行设置。

STEP 1: 单击"设置 > 参数选择"命令，弹出"参数选择"对话框，如图 8-3 所示。

STEP 2: 选择捕获图像保存的格式。在"参数选择"对话框的"捕获"选项卡中，展开"捕获静态图像的保存格式"下拉列表并选择所要保存的图像格式，如图 8-4 所示。

图 8-3 "参数选择"命令

图 8-4 选择图像格式

STEP 3: 确保硬件连接正确。将摄像机连接到捕获卡上，打开摄像机，将摄像机的模式设为播放模式（或 VTR/VCR 模式）。

STEP 4: 启动会声会影并切换到"捕获"步骤。

STEP 5: 捕获。在导航器中单击"播放"按钮，如图 8-5 所示。

也可以利用导航器上的其他按钮，比如"上一帧"、"下一帧"、"后退"、"前进"等按钮找到要捕获的视频图像，然后单击"捕获设置"选项面板上的"捕获视频"按钮完成图片的捕获，如图 8-6 所示。

图 8-5 播放视频　　　　　　　　　图 8-6 捕获视频按钮

另一种捕获静态图像的方法

1. 用线将 DV 摄像机与计算机连接起来，将摄像机的开关打开，然后将摄像机设置为播放状态。

2. 打开会声会影进入编辑界面。

3. 单击步骤面板中的"捕获"按钮，进入捕获界面。

4. 选择"文件">"参数选择"命令，在弹出的"参数选择"对话框中单击"捕获"选项并设置它的格式。设置完成后单击"确定"按钮。

5. 新建文件夹用来保存捕获的图像。

6. 单击"预览面板"中的"播放"按钮，播放图像。

7. 在看到要捕获的图像时，单击"捕获设置"选项卡中的"捕获图像"按钮，即可将图像保存为指定格式的文件。

从 DV 中采集视频素材

1. 用线将 DV 摄像机与计算机连接起来，打开摄像机的电源开关，将摄像机设置为播放状态。

2. 打开会声会影，进入编辑界面。

3. 单击步骤面板中的"捕获"按钮，进入捕获界面。

4. 要以原有的格式捕获视频，可以单击选项面板中的"格式"菜单中的子菜单，从列表中选择"DV"选项，可以将视频保存为 DV/AVI 格式。

5. 单击选项面板中的"选项"按钮。

从其他设备捕获视频

各种类型摄像机的捕获步骤都是类似的，只是"捕获视频"选项面板中的可用捕获设置有所不同。不同类型的来源可以选择不同的设置。

从摄像机中捕获视频和照片

STEP 1: 将摄像机连接到计算机，并打开设备。将设备设置为播放（或 VTR/VCR）模式。

STEP 2: 在"捕获"选项面板中单击"捕获视频"按钮，如图 8-7 所示。

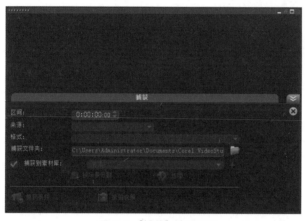

图 8-7 "捕获"选项面板

STEP 3: 从"来源"下拉列表中选择捕获设备，如图 8-8 所示。

图 8-8 选择捕获设备

STEP 4: 在"格式"下拉列表中选择用于保存捕获视频的文件格式。查找"捕获文件夹"下要保存文件的文件夹位置，如图 8-9 所示。

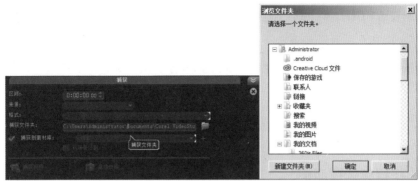

图 8-9 捕获文件夹保存位置

STEP 5: 单击"选项"按钮可自定义特定于视频设备的捕获设置。

STEP 6: 扫描视频，搜索要捕获的部分。如果从 DV 或 HDV 摄像机捕获视频，请使用导览面板播放录像带。

STEP 7: 在捕获视频时单击"捕获视频"按钮。单击"停止捕获"按钮或按 [Esc] 键可停止捕获。

STEP 8: 要从视频镜头捕获照片，请在所需照片处暂停视频，然后单击"抓拍快照"按钮。

● 摄像机处于"录制"模式时（通常称为相机或影片），可以捕获现场视频。根据所选的捕获文件格式，视频属性对话框中的可用设置有所不同。

从数字媒体导入

可以从光盘、硬盘、内存卡、数码相机和 DSLR 中将 DVD/DVD-VR、AVCHD、BDMV 视频和照片导入到会声会影。

导入数字媒体

1. 单击"捕获"选项卡，然后单击"从数字媒体导入"命令。

2. 单击选取"导入源文件夹"并浏览包含数字媒体的文件夹，并单击"确定"按钮。

3. 单击"起始"，显示"从数字媒体导入"对话框。

4. 选择想要导入的媒体素材，单击"开始导入"。所有导入的视频都将添加到"素材库"中的缩略图列表中。

启用 AVCHD 时间码检索

1. 在"捕获"步骤选项面板中，单击"从数字媒体导入"。

2. 选择视频文件的缩略图。单击"开始导入"启动导入设置。

3. 在导入目标中，选择插入到时间轴或选择将视频日期信息添加为标题。

4. 选择整个视频导入视频文件的时间码，显示为包含整个视频区间的标题。选择区间导入时间码作为指定区间内的标题。单击"确定"按钮应用此设置。

捕获视频选项面板

区间——设置捕获时间长度。

来源——显示检测到的捕获设备，列出计算机上安装的其他捕获设备。

格式——提供一个选项列表，可在此选择文件格式，用于保存捕获的视频。

捕获文件夹——此功能指定一个文件夹，用于保存捕获的文件。

按场景分割——根据用 DV 摄像机捕获视频的日期和时间的变化，将捕获的视频自动分割为几个文件。

捕获到素材库——选择或创建想要保存视频的库文件夹。

选项——显示一个菜单，在该菜单上，可以修改捕获设置。

捕获视频——将视频从来源传输到硬盘。

抓拍快照——将显示的视频帧捕获为照片。

捕获视频为 MPEG-2 格式

1. 在来源中选择视频来源。

2. 指定或查找想要将素材保存在捕获文件夹中的目标文件夹。

3. 单击"选项"，然后选择视频属性。弹出对话框，在当前的配置文件下拉菜单中配置文件。

4. 单击"确定"按钮。

5. 单击"捕获视频"按钮开始捕获，单击"停止捕获"按钮结束捕获任务。

导入各种媒体素材

8.2.1 添加和删除"素材库"中的媒体素材

整理"素材库"中的媒体素材，可以轻松而快速地访问项目的资产。还可以导入"素材库"，以便恢复媒体文件和其他素材库信息。

STEP 1: 单击"添加创建新的素材库文件夹"，以便存放媒体素材。可以创建自定义文件夹将个人素材与样本素材分开，以便更高效地管理资产或将一个项目的所有素材放入一个单独的文件夹中。

STEP 2: 单击"导入媒体文件"查找文件。

STEP 3: 选择想导入的文件。

STEP 4: 单击"打开"按钮，开始捕获媒体素材。

● 提示: 单击"浏览"打开文件浏览器，在文件浏览器中可以将文件直接拖放到"素材库"或"时间轴"。

8.2.2 数码视频 (DV)

要以原始格式捕获数码视频 (DV)，请在"选项面板"的格式列表中选择 DV。捕获的视频将保存为 DV/AVI 文件 (.avi)。

DV 快速扫描

使用此选项，可以扫描 DV 设备，查找要导入的场景，还可以添加视频的日期和时间。

捕获 DV 时，单击"选项面板"中的选项并选择视频属性打开一个菜单。在"当前的配置文件"中，选择是将 DV 捕获成 DV 类型 1 还是 DV 类型 2。

添加视频的日期和时间

STEP 1: 扫描 DV 磁带之后，单击"下一步"按钮。此时将显示导入设置对话框。

STEP 2: 选择插入到时间轴，然后选择将视频日期信息添加为标题。

● 提示：1. 如果要在视频中从头到尾显示拍摄日期，请选择整个视频，或者只选择指定时间段内的视频；2. 可以使用 DV 快速扫描选项来捕获 DV 视频。

使用"导览面板"控制 DV 摄像机

从 DV 摄像机捕获时，可使用导览面板扫描镜头，找到要捕获的场景。

8.2.3 删除"素材库"中的媒体素材

1. 在引用"素材"时，它们实际仍保存在其原始位置，因此，当删除"素材库"中的一个素材时，仅删除了该"素材库"实例，仍然可以从素材保存的位置访问实际文件。

2. 看到提示时，确认是否要从"素材库"中删除缩略图。

8.2.4 导入的模板如何编辑

使用"媒体滤镜"对"素材库"中的素材进行排序。

按照分类和视图对媒体素材进行排序

1. 单击列表视图按钮▤，以包含文件属性的列表形式显示媒体素材，如图 8-10 所示。

2. 单击缩略图视图按钮▦，显示缩略图，如图 8-11 所示。

图 8-10 列表视图　　　　　　　　　　　　图 8-11 缩略图视图

图 8-12 将素材库中的素材按字母顺序排序

　　3. 单击对素材库中的素材排序按钮，以包含文件名称的列表形式显示媒体素材，如图 8-12 所示。

显示或隐藏媒体素材

单击"显示 / 隐藏视频"按钮■■、"显示 / 隐藏照片"按钮■■、"显示 /
隐藏音频文件"按钮♫，可以显示 / 隐藏媒体素材，如图 8-13 所示。

图 8-13 显示 / 隐藏按钮

● 提示：除了单击以上介绍的按钮以外，还可以使用"媒体库"中的图标显示
媒体素材、转场、标题、图形和滤镜。

模拟视频

如果镜头是从模拟来源（如 VHS、S-VHS、Video-8 或 Hi8 摄像机 /VCR）
捕获的，则会转换为计算机可读取和存储的数字格式。捕获后，在"选项面板"
的格式列表中选择保存捕获的视频所需的文件格式。

电视镜头

会声会影可通过电视调谐器捕获电视镜头。捕获喜爱的普通电视或有线电视
节目的片段，然后以 AVI 或 MPEG 格式保存在硬盘中。

捕获电视镜头

1. 在"来源"下拉列表中选择电视调谐器设备。

2. 选择"选项 > 视频属性"命令可打开视频属性对话框。如果需要，可调整
相应设置。单击调谐器信息选项卡，选择"天线"或"有线"，扫描所在地区的
可用频道等。

3. 在频道框中，指定要捕获的频道。

制作动画素材

8.3.1 制作定格动画

使用从 DV/HDV 摄像机或网络摄像头捕获的图像或从 DSLR 导入的照片直接在会声会影中制作定格动画，并将其添加到视频项目中。

● 提示：要想获得最佳结果，在拍摄用于定格动画项目的照片和视频时使用三脚架。

打开"定格动画"窗口

STEP 1: 单击"捕获"步骤选项面板中的定格动画，打开定格动画窗口，如图 8-14 所示。

STEP 2: 可以通过从"录制 / 捕获选项" ▇中单击"定格动画" ▇打开定格动画窗口，如图 8-15 所示。

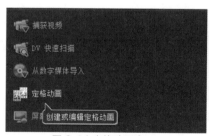

图 8-14 定格动画窗口

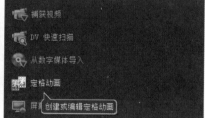

图 8-15 定格动画

创建新的定格动画项目

STEP 1: 单击"创建"按钮创建新的定格动画项目,如图 8-16 所示。

STEP 2: 在"项目名称"文本框中输入定格动画项目的名称,如图 8-17 所示。

图 8-16 新建定格动画项目　　　　图 8-17 输入定格动画项目名称

● 提示:如果已打开现有的项目,则将提示保存项目操作再继续。

STEP 3: 在捕获文件夹中,指定或查找想要保存素材的目标文件夹,如图 8-18 所示。

STEP 4: 通过从"保存到库"下拉菜单中选择一个现有的库文件夹来选择你想要保存定格动画项目的位置,如图 8-19 所示。

图 8-18 目标文件夹　　　　图 8-19 保存到库

● 提示:除了步骤 4 所示的方法外,还可以单击添加新文件夹创建一个新的库文件夹。

打开现有的定格动画项目

STEP 1: 单击"打开"按钮,查找想要处理的定格动画项目。在会声会影中创建的定格动画项目都是图像序列 (*uisx) 格式的。

STEP 2: 单击"打开激活项目"。

将图像导入定格动画项目

STEP 1: 将 DSLR 连接到计算机。

STEP 2: 单击"导入"按钮,然后查找想要用于定格动画项目的照片。

STEP 3: 单击"打开"按钮,导入定格动画项目。

● 提示：使用 DSLR 在自动 / 连续模式下拍摄的一组照片就是定格动画项目的一个好例子。

8.3.2 播放定格动画项目

STEP 1: 单击"播放"按钮，如图 8-20 所示。

图 8-20 单击播放

STEP 2: 保存定格动画项目。

STEP 3: 单击"保存"按钮，项目会自动保存到指定的捕获文件夹和库文件夹中，如图 8-21 所示。

STEP 4: 退出"定格动画"，单击"退出"按钮返回视频项目，如图 8-22 所示。

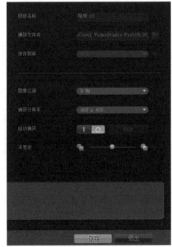

图 8-21 保存

图 8-22 退出

创建屏幕捕获视频

使用会声会影中的屏幕捕获功能可录制计算机操作和鼠标的移动，该功能只需通过几个简单的步骤即可创建可视化视频，还可以定义需要额外突出和聚焦的捕获区域，或合并画外音。

打开屏幕捕获活动窗口

单击"捕获"步骤选项面板中的屏幕捕获，打开"屏幕捕获"工具栏，如图8-23所示。

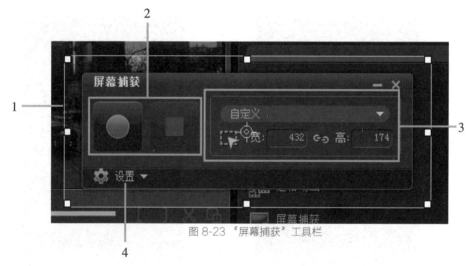

图 8-23 "屏幕捕获"工具栏

会声会影主程序窗口在后台最小化，显示"屏幕捕获"工具栏。

也可以通过从"录制／捕获选项"中单击"屏幕捕获"打开"屏幕捕获"工具栏，捕获区域框将随"屏幕捕获"工具栏自动显示。

工具栏基本组件

1——捕获区域框：指定要捕获的显示区域。

2——录制控件：包含控制屏幕捕获的按钮。

3——捕获区域框尺寸：指定要捕获的活动程序，并在"宽度"和"高度"文本框中指定捕获区域的准确尺寸。

4——设置（默认视图）：可指定文件、音频、显示和键盘快捷方式设置。

录制屏幕

在进行屏幕捕获之前，请确保先配置好视频设置。

要配置视频

STEP 1: 单击"设置"按钮，如图 8-24 所示。

STEP 2: 在"设置"面板中进行参数设置。

文件名：输入项目的文件名；保存至：可以指定视频文件的保存位置，如图 8-25 所示。

图 8-24 单击设置 　　　　　　图 8-25 输入项目文件名 / 保存指定位置

勾选"捕获到素材库"复选框，将屏幕捕获自动导入到素材库。

默认情况下，屏幕捕获保存在"素材库"的样本文件夹中。单击 可添加一个新文件夹，并更改文件的保存位置。

STEP 3: 在"格式"下拉菜单中，从可用格式中选择一个选项，如图 8-26 所示。

图 8-26 屏幕捕获格式

STEP 4: 在"音频设置 > 声音"中,单击"启用声音录制"按钮 ▮ ○ 录制画外音,单击"声效检查"按钮测试声音输入,或者单击"禁用声音录制"按钮禁止录制画外音,启用或禁用系统音频并调整参数滑块。在监视器设置中,选择一个显示设备。

STEP 5: 程序将自动检测系统中可用的显示设备的数量。主要监视器是默认选择。

STEP 6: 启用 [F10]/[F11] 键可打开和关闭屏幕捕获的键盘快捷方式。

● 如果屏幕捕获的快捷键与要捕获的程序相冲突,建议禁用此功能以避免在录制时出现意外停止或暂停情况。

录制屏幕捕获

STEP 1: 选择以下其中一个选项。

全屏幕:可捕获整个屏幕。当启动"屏幕捕获"工具栏时,将默认启用此选项。

自定义:指定要捕获的区域。捕获区域的尺寸也会随之显示。还可以通过从活动程序列表中选择一个选项来指定要捕获的应用程序窗口。

STEP 2: 单击"设置"按钮可访问更多选项。要包含画外音和系统音频,则必须在开始录制之前先启用和配置各自的设置。

STEP 3: 单击"开始"/"恢复录制"按钮可开始屏幕捕获。

指定捕获区域内的所有活动都将被录制。倒计时结束后开始屏幕捕获,可以按 [F10] 键停止捕获,按 [F11] 键暂停或恢复屏幕捕获。

STEP 4: 单击"停止录制"按钮结束屏幕捕获。

屏幕捕获可添加到"素材库"和指定的自定义文件夹中,也可以导入会声会影时间轴中。

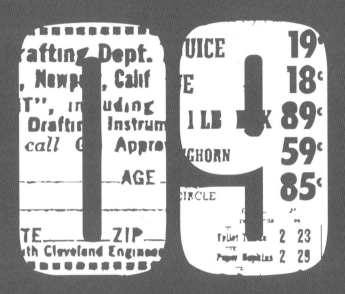

素材的精修与分割

- 视频素材的剪辑
- 按场景分割视频
- 视频的多重修整
- "编辑"步骤选项面板

视频素材的剪辑

视频、照片和音频素材是构建项目的基础，处理素材是需要掌握的最重要的技巧。

在捕获步骤中由于个人动作灵敏度的差异，所以不一定能大量地去掉无用镜头，再加上摄像机的机械动作存在的时间延迟，仍然会有少量的无用画面被采集到视频素材中，因此用户可以将原始素材中的无用帧的镜头分割出来，也就是常说的剪辑素材。

9.1.1 添加视频素材

有几种方法可以将视频素材插入到"时间轴"。

1. 在"素材库"中选择素材并将它拖放到"视频轨"或"覆叠轨"上，如图9-1所示。按住 [Shift] 键可以选取多个素材。

图 9-1 插入素材

2. 用鼠标右键单击"素材库"中的素材，然后选择插入到"视频轨或插入到覆叠轨"，如图 9-2 所示。

图 9-2 插入素材

3. 在 Windows 资源管理器中选择一个或多个视频文件，然后将它们拖放到"视频轨"或"覆叠轨"上，如图 9-3 所示。

图 9-3 拖入素材

要将素材从文件夹直接插入到"视频轨"或"覆叠轨",用鼠标右键单击"时间轴",选择插入视频并找到要使用的视频。

● 提示:会声会影支持 3D 媒体素材。可以标记 3D 媒体素材,使它们能够通过 3D 编辑功能容易地被识别和编辑,如图 9-4 所示。

图 9-4 标记为 3D

除视频文件之外,还可以从 DVD 或 DVD-VR 格式的光盘上添加视频。

9.1.2 添加照片

将照片素材添加到"视频轨"的方式和添加视频素材的方式一样。开始向项目添加照片之前,请确定所有照片的大小。默认情况下,会声会影会调整照片大小以保持照片的宽高比。会声会影现已支持 Corel PaintShop Pro PSPIMAGE 文件 (*.pspimage)。导入"素材库"中的 PSPIMAGE 文件带有一个多图层指示,可以将其与其他类型的媒体素材区别开来。

使插入的所有照片的大小都与项目的帧大小相同

STEP 1: 选择"设置 > 参数选择 > 编辑"命令,如图 9-5 所示。

STEP 2: 将默认的"图像重新采样选项"更改为"调到项目大小",如图 9-6 所示。

图 9-5 设置参数选择

图 9-6 更改图像设置

将 PSPIMAGE 文件导入到"时间轴"中

STEP 1: 用鼠标右键单击"素材库"中的素材。

STEP 2: 单击"插入到"并选择要添加媒体素材的轨道，如图 9-7 所示。

图 9-7 选择要添加媒体素材的轨道

STEP 3: 选择以下其中一个选项。图层：允许将文件的图层包含到不同的轨中；平整：允许将平整图像插入单个轨中。

按场景分割视频

使用"编辑"步骤中的"按场景分割"功能,可以检测视频文件中的不同场景,然后自动将该文件分割成多个素材文件。

会声会影检测场景的方式取决于视频文件的类型。在捕获的 DV/AVI 文件中,场景的检测方法有两种:DV 录制时间扫描根据拍摄日期和时间来检测场景。

帧内容检测内容的变化,如:画面变化、镜头转换、亮度变化等,然后将它们分割成不同的文件。在 MPEG-1 或 MPEG-2 文件中,只能根据内容的变化来检测场景(也就是按帧内容检测)。

对 DV/AVI 或 MPEG 文件使用"按场景分割"

STEP 1: 转到编辑步骤,然后在"时间轴"上选择所捕获的 DV/AVI 文件或 MPEG 文件,如图 9-8 所示。

图 9-8 捕获 DV/AVI 文件或 MPEG 文件

STEP 2: 在"选项面板"中单击"按场景分割"按钮,打开"场景"对话框,如图9-9所示。

STEP 3: 选择扫描方法(DV录制时间扫描或帧内容),如图9-10所示。

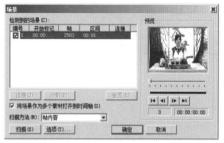

图9-9 按场景分割按钮　　　　　　　　　　　图9-10 选择扫描方法

STEP 4: 单击"选项"按钮,在"场景扫描敏感度"对话框中,拖动滑块设置敏感度级别。此值越大,场景检测越精确,如图9-11所示。

STEP 5: 单击"确定"按钮。

STEP 6: 单击"扫描"按钮,会声会影随即将扫描整个视频文件并列出检测到的所有场景,如图9-12所示。

● 可以将检测到的部分场景合并到单个素材中。选择要连接在一起的所有场景,然后单击"连接"按钮。加号(+)和一个数字表示该特定素材所合并的场景的数目。单击"分割"按钮可撤销已完成的所有"连接"操作。

STEP 7: 单击"确定"按钮,得到分割视频的效果。

图9-11 分割场景项目　　　　　　　　　　　图9-12 扫描场景

视频的多重修整

多重修整视频功能是将一个视频分割成多个片段的另一种方法。按场景分割由程序自动完成，而使用多重修整视频则可以完全控制要提取的素材，进而更易于得到只包含你想要的场景的视频，如图9-13所示。

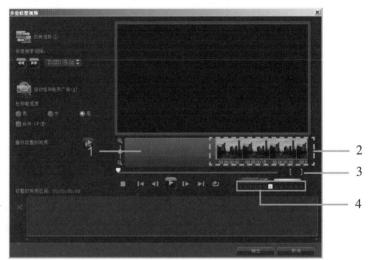

图9-13 多重修整视频界面

1. 时间轴缩放：上下拖动它，可以按秒将视频素材分割成帧。

2. 精确剪辑时间轴：逐帧扫描视频素材，进行精确地定位开始标记和结束标记。

3. 飞梭轮：用它可以滚动到素材的不同部分。

4. 回放速度控制：以不同的回放速度预览素材。

在故事板视图中添加素材以后，通常需要对素材进行修正或剪辑，在计算机中编辑影片的最大好处就是可以采用"精确到帧"的方式来进行修正和剪辑。常见的视频剪辑包括：去除头尾部分多余内容、去除中间多余内容。

1. 去除头尾部分多余内容

会声会影提供了多种操作方式来实现对捕获视频以后的素材的修整，最为常见的视频修整就是去除头尾部分多余的内容。

（1）使用缩略图修整素材

使用缩略图修整素材是最为快捷和直观的修正方式。这种方式适于对素材的粗略修整或者修整容易识别的场景。

STEP 1: 单击故事板视图左侧的"视图切换"按钮，切换到时间轴视图。

STEP 2: 选中需要修整的素材，系统会自动用黄色标记标识选中素材的两端，如图9-14所示。

图9-14 选中需要修整的素材

STEP 3: 拖动左侧的黄色标记，同时在预览窗口中查看当前标记对应的视频内容，看到需要修整的位置后回移鼠标，然后释放鼠标，时间轴上便去除了开始部分多余的内容，如图9-15所示。

图9-15 拖动鼠标

STEP 4: 还可以从视频的尾部开始向左拖动，释放鼠标以后，就可以去除尾部的多余内容，图9-16所示。

图9-16 向左拖动鼠标

（2）使用区间修整素材

使用区间修正素材可以精确控制片段的播放时间，但是只能从视频的尾部开始截取。用这个方法来调整各个素材片段，需要严格限制整个影片的播放总时间。

STEP 1: 在故事板视图中选中需要修整的素材，选项卡的"区间"中便会显示当前选中的视频素材的长度，如图 9-17 所示。

图 9-17 选中的视频

STEP 2: 在这里，希望最终的视频为 52 帧，所以可单击"视频区间"文本框中对应的数值，在"帧"位置上输入 52，程序就自动完成了修整工作，如图 9-18 所示。

图 9-18 设定时间

（3）使用飞梭栏和预览栏修整素材

使用飞梭栏和预览栏修整素材是一种直观而精确的方式。使用这样方法可以非常方便地使剪辑的精度精确到帧。

STEP 1: 在故事板视图中选中需要修整的视频素材，预览窗口中会显示素材的内容，并且在选项卡上会显示素材的播放时间，如图9-19所示。

图9-19 插入视频素材

STEP 2: 单击预览栏下方的"播放素材"按钮▶播放选择的素材，或者直接拖动飞梭栏的修整拖柄，使预览窗口中显示需要修剪的起始帧的大致位置，然后单击"上一帧"按钮◀▮和"下一帧"按钮▮▶进行精确定位，如图9-20所示。

图9-20 调整素材位置

STEP 3: 确定起始帧位置后，单击"开始标记"按钮，将当前位置设置为开始标记，如图9-21所示。

图 9-21 设置开始标记

STEP 4: 按照步骤 2 确定结束帧的位置，对结束帧进行精确定位，如图 9-22 所示。

图 9-22 将修整拖柄拖到结束帧

STEP 5: 确定结束帧的位置后，单击"结束标记"按钮，将当前的位置标记为结束，结束部分的修整工作就完成了，如图 9-23 所示。

图 9-23 设置结束标记

2. 去除中间多余内容

如果捕获的 DV 带中的素材效果不好，或者是有不需要的内容，会声会影可以根据需要去除素材中的某一个片段。

STEP 1:　在故事板视图中选择需要分割的素材，直接拖动飞梭栏上的修整拖柄找到需要分割的位置，然后使用"上一帧"按钮◀┃和"下一帧"按钮┃▶进行精确定位，如图 9-24 所示。

图 9-24 定位分割的位置

STEP 2:　单击预览窗口下的"分割视频"按钮✂，将该视频素材从当前位置分割两个素材。之后在故事板视图中可以清晰地看到分割前后的效果，如图 9-25 所示。

图 9-25 分割后效果

STEP 3:　选择分割后的一段视频素材，按照前面介绍的方法再次定位分割点，方法和步骤 1、步骤 2 一样，效果如图 9-26 所示。

图 9-26 再次分割

STEP 4: 在视频轨上选择不需要的视频片段，按 [Delete] 键就可以将不需要的中间部分删除，如图 9-27 所示。

图 9-27 删除中间部分后的效果

将视频文件修整为多个素材

STEP 1: 切换到"编辑"步骤，选择想要修整的素材，如图 9-28 所示。

图 9-28 编辑素材

STEP 2: 双击素材打开"选项面板",如图 9-29 所示。

STEP 3: 单击选项面板中的"多重修整视频"按钮,如图 9-30 所示。

图 9-29 双击素材

图 9-30 单击多重修整视频

STEP 4: 首先单击"播放"按钮查看整个素材,以确定在多重修整视频对话框中标记片段的方法,如图 9-31 所示。

STEP 5: 通过拖动时间轴缩放来选择要显示的帧数。可以选择显示每秒一帧的最小分割,如图 9-32 所示。

图 9-31 播放单个素材

图 9-32 拖动时间轴

STEP 6: 拖动滑轨至要用作第一个片段的起始帧的视频部分。单击"设置开始标记"按钮,如图 9-33 所示。

STEP 7: 再次拖动滑轨至要终止该片段的位置。单击"设置结束标记"按钮,如图 9-34 所示。

图 9-33 设置开始标记

图 9-34 设置结束标记

STEP 8: 重复执行步骤 4 和 5，直到标记出要保留或删除的所有片段。

● 提示：要标记开始和结束片段，可以在播放视频时按 [F3] 和 [F4] 键。还可以单击"反转选取"按钮或按 [Alt+I] 组合键可以在标记保留素材片段和标记剔除素材片段之间进行切换。快速搜索间隔用于设置帧之间的固定间隔，并以设置值浏览影片。

STEP 9: 单击"确定"按钮，保留的视频片段随即将插入到"时间轴"上，如图 9-35 所示。

"多重修整视频"对话框中的导览控制

——以固定增量向前或向后浏览视频。默认情况下，这些按钮以 15 秒的增量向上或向下移动视频。

——播放最终修整视频的预览。

——播放视频文件。按住 [Shift] 键后单击该选项，可以只播放所选片段。

——移动到修整过的片段的起始帧或结束帧。

——移动到视频的上一帧 / 下一帧。

——重复视频回放。

保存修整后的素材

进行更改时 (也就是使用"按场景分割"自动分割素材后，使用"多重修整视频"提取素材，或手动修整素材)，可能希望对素材进行永久更改，然后保存编辑过的文件。会声会影提供了安全措施，即将修整后的视频保存到一个新文件中，而不是替换原始文件。

STEP 1: 在"故事板视图"、"时间轴视图"或"素材库"中选择一个修整后的素材，如图 9-36 所示。

STEP 2: 选择"文件 > 保存修整后的视频"命令，如图 9-37 所示。

图 9-35 保留视频片段

图 9-36 选择素材

图 9-37 保存修整后视频

"编辑"步骤选项面板

"编辑"步骤中的选项面板允许修改添加到"时间轴"的媒体、转场、标题、图形、动画和滤镜。项目中使用的元素或应用到素材中的效果可以在属性选项卡中修改或微调，如图9-38所示。

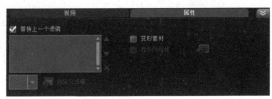

图 9-38 "属性"选项卡

"视频"选项卡

视频区间——以"时:分:秒:帧"的形式显示所选素材的区间。可以通过更改素材区间，修整所选素材。

素材音量——可用于调整视频中音频片段的音量。

静音——使视频中的音频片段不发出声音，但不将其删除。

淡入/淡出——逐渐增大/减小素材音量，以实现平滑转场。选择"设置>参数选择>编辑"命令设置淡入/淡出区间。

旋转——旋转视频素材。

色彩校正——调整视频素材的色调、饱和度、亮度、对比度和Gamma。还可以调整视频或照片素材的"白平衡"，或者进行自动色调调整。

速度/时间流逝——调整素材的回放速度和应用"时间流逝"和"频闪"效果。

反转视频——从后向前播放视频。

抓拍快照——将当前帧保存为新的图像文件，并将其放置在照片库中。保存之前，会丢弃对文件进行的全部增强。

分割音频——可用于分割视频文件中的音频，并将其放置在"声音轨"上。

按场景分割——根据拍摄日期和时间，或者视频内容的变化（即画面变化、镜头转换、亮度变化，等等），对捕获的 DV/AVI 文件进行分割。

多重修整视频——从视频文件中选择并提取所需片段。"视频"选项卡如图 9-39 所示。

图 9-39 "视频"选项卡

"照片"选项卡

区间——设置所选图像素材的区间。

旋转——旋转图像素材。

色彩校正——调整图像的色调、饱和度、亮度、对比度和 Gamma。还可以调整视频或图像素材的"白平衡"，或者进行自动色调调整。

重新采样选项——应用转场或效果时可允许修改照片的宽高比。

摇动和缩放——对当前图像应用"摇动和缩放"效果。

预设值——提供各种"摇动和缩放"预设值，可以在下拉列表中选择一个预设值。

自定义——定义摇动和缩放当前图像的方式。"照片"选项卡如图 9-40 所示。

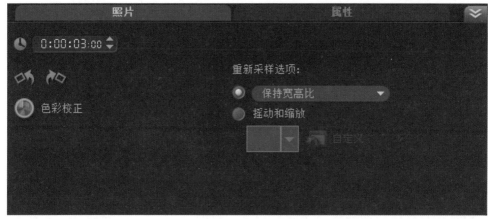

图 9-40 "照片"选项卡

"色彩"选项卡

区间——设置所选色彩素材的区间。

色彩选取器——单击颜色框可调整色彩。"色彩"选项卡如图 9-41 所示。

图 9-41 "色彩"选项卡

"属性"选项卡

遮罩和色度键——可应用覆叠选项，如遮罩、色度键和透明度。

对齐选项——可在预览窗口调整对象位置。通过"对齐选项"弹出菜单设置选项。

替换上一个滤镜——在将新的滤镜拖动到素材上时，允许替换上一个应用于该素材的滤镜。如果要向素材添加多个滤镜，则取消选中此选项。

已用滤镜——列出已应用于素材的视频滤镜。

预设值——提供各种滤镜预设值，可以在下拉列表中选择一个预设值。

自定义滤镜——定义滤镜在素材中的转场方式。

方向 / 样式——可设置素材进入 / 退出的方向和样式。可设置为静止、顶部 / 底部、左 / 右、左上方 / 右上方、左下方 / 右下方。

设置素材进入 / 退出的方向——暂停区间前 / 后旋转和淡入 / 淡出动画效果。

变形素材——修改素材的大小和比例。

显示网格线——勾选该复选框将显示网格线。"属性"选项卡如图 9-42 所示。

图 9-42 "属性"选项卡

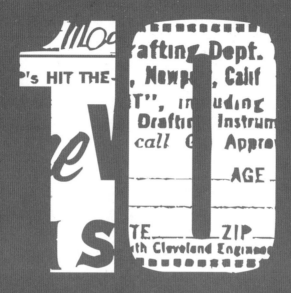

转场及特效编辑

- 转场设置
- 滤镜
- 增强素材
- 覆叠素材变形
- 使用"绘图创建器"绘制图像和动画

10.1 转场设置

会声会影中把影片片段和片段之间的切换称为转场。是为了增添两端视频之间衔接的过渡效果。在视频编辑中，经常会出现两段需连接视频场景不一样的情况，如果硬接就会比较生硬，添加了转场效果后就比较自然，制作的片子会更加流畅。

视频转场可在视频编辑中发挥巨大的作用，在色彩和运动方式上衔接得更加流畅自然，增添视觉效果。使用时只需将系统预定义的转场效果完美地融合到项目中即可。学会并使用好此功能，可以为自己的影片添加独特的视觉效果，转场使影片可以从一个场景平滑地切换为另一个场景，这些转场可以应用到"时间轴"中的所有轨道上的单个素材之间。有效地使用此功能，可以为影片添加专业化的效果。

在"素材库"中有16种不同类型的转场。对于每一种类型，都可选择使用缩略图的特定预设效果，如图10-1所示。

图 10-1 转场素材库

添加转场

下面我们来学习在转场过程中的预定义设置。

STEP 1: 单击"设置"菜单下的"参数选择"命令，或直接按 [F6] 键即可，如图 10-2 所示。

STEP 2: 在弹出的"参数选择"对话框中，根据需要来设置相关内容，如图 10-3 所示。

图 10-2 执行"参数选择"命令　　图 10-3 设置"参数选择"对话框

● 提示：系统默认设置的效果是随机的，在下拉列表中还有很多过渡效果，可以根据需要选择合适的转场效果，如图 10-4 所示。

图 10-4 系统中已设置好"默认转场效果"

STEP 3: 在"参数选择"对话框中的"编辑"选项卡中，一般都设定好了"默认转场效果"，如图 10-5 所示。

STEP 4: 设置完成后单击 **确定** 按钮。之后在项目中加入两端素材，素材之间会自动加入设置的效果，如图 10-6 所示。

图 10-5 选择默认转场效果 　　　　　　图 10-6 两段素材之间的过渡效果

10.1.1 转场效果的基本操作方法

　　会声会影为用户提供了样式繁多的转场素材，考虑了很多细节部分。预定义的转场效果约束很多，用起来不是很灵活，用户可以自行在两段视频之间加入自己想要的视频效果。下面我们将要介绍怎么来设置转场效果。

STEP 1: 打开会声会影编辑界面，将两段以上的素材拖入到时间轴面板中，转场效果是为了两段场景之间的过渡衔接更加自然而设置的，所以加入的素材要在两段以上，转场效果的设置最好是非系统默认的，如图 10-7 所示。

图 10-7 向故事面板中加入视频素材

STEP 2: 切换到时间轴面板中，单击 ，素材库便会显示出全部的效果图，如图 10-8 所示。

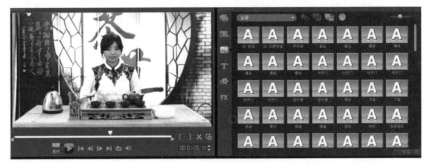

图 10-8 素材库全部效果图

STEP 3: 选择所需要的转场效果。单击效果图库右边的下拉按钮，选择需要的转场效果类型，如图 10-9 所示。

STEP 4: 在项目中加入需要的转场效果。在转场素材库中加入需要的效果，单击需要的效果图，按住鼠标左键，拖放至两个素材之间，拖动素材的时候鼠标指针如图 10-10 所示。

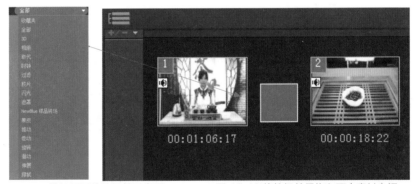

图 10-9 选择需要的转场效果类型　　　　图 10-10 将转场效果拖入两个素材之间

STEP 5: 拖入两个素材之后，释放鼠标，选中的转场效果就会加入其中，如图 10-11 所示。

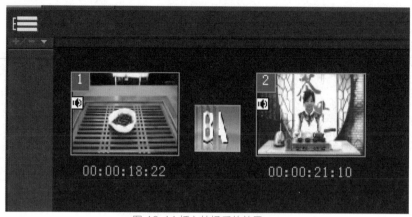

图 10-11 插入转场后的效果

自动添加转场

STEP 1: 选择"设置 > 参数选择 > 编辑"命令，然后勾选"自动添加转场效果"复选框，如图 10-12 所示。

STEP 2: 从默认转场效果下拉菜单中选择一种转场效果，如图 10-13 所示。

图 10-12 转场参数编辑

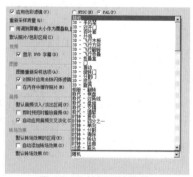

图 10-13 转场下拉菜单

STEP 3: 两个素材之间会自动添加默认转场。

● 提示：不管是启用还是禁用参数选择中的自动添加转场效果，覆叠素材之间总是会自动添加默认转场。

将所选的转场应用到所有视频轨素材

和加入视频素材一样，向视频中添加转场效果也是非常方便、快捷的。加入转场效果的具体操作步骤如下。

STEP 1: 选择转场的缩略图，如图 10-14 所示。

STEP 2: 单击"对视频轨应用当前效果"按钮 或用鼠标右键单击转场，然后在弹出的快捷菜单中选择"对视频轨应用当前效果"，如图 10-15 所示。

图 10-14 转场缩略图　　　　图 10-15 选择对视频轨应用当前效果

将随机转场添加到所有视频轨素材

STEP 1: 单击"对视频轨应用随机效果"按钮 ，弹出的对话框如图 10-16 所示，得到的视频效果如图 10-17 所示。

图 10-16 随机效果对话框　　　　图 10-17 随机效果图

STEP 2: 如果对视频效果不满意，可以通过"转场"面板设置参数，如图 10-18 所示。

图 10-18 转场选项设置参数

10.1.2 常用的转场效果

我们经常在片子中看到很多生动而又巧妙的效果，接下来我们就来感受一下这几种效果吧。

百叶窗效果

STEP 1: 在故事面板或视频轨道中加入两段以上所需要的素材，如图 10-19 所示。

图 10-19 添加"百叶窗"效果

STEP 2: 单击"转场"下拉按钮，在下拉列表中选择"3D>百叶窗"选项，如图 10-20 所示。

图 10-20 选择"3D>百叶窗"效果

STEP 3: 将"百叶窗"效果拖到故事面板或时间轴面板中两段视频之间,如图 10-21 所示。

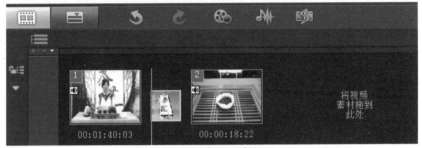

图 10-21 添加"百叶窗"效果

STEP 4: 在播放器中单击"播放"按钮,可以预览效果,如图 10-22 所示。

图 10-22 "百叶窗"效果

3D 彩唇效果

STEP 1: 在故事面板或视频轨道中加入两段以上所需要的素材。

STEP 2: 单击"转场"下拉按钮,在下拉列表中选择"NewBlue 样品转场 >3D 彩唇"选项,如图 10-23 所示。

图 10-23 选择"NewBlue 样品转场 >3D 彩唇"

STEP 3: 将"3D 彩唇"效果拖到故事面板或时间轴面板中两段视频之间,如图 10-24 所示。

图 10-24 添加〝3D 彩唇〞效果

STEP 4: 在播放器中单击"播放"按钮，可以预览效果，如图 10-25 所示。

图 10-25 〝3D 彩唇〞效果

时钟居中效果

STEP 1: 在故事面板或视频轨道中加入两段以上所需要的素材。

STEP 2: 单击"转场"下拉按钮,在下拉列表中选择"时钟 > 居中"选项,如图 10-26 所示。

图 10-26 选择〝时钟 > 居中〞效果

STEP 3: 将"居中"效果拖到故事面板或时间轴面板中两段视频之间,如图 10-27 所示。

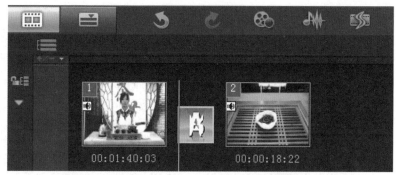

图 10-27 添加"时钟 > 居中"效果

STEP 4: 在播放器中单击"播放"按钮，可以预览效果，如图 10-28 所示。

图 10-28 "居中"效果

横条效果

STEP 1: 在故事面板或视频轨道中加入两段以上所需要的素材。

STEP 2: 单击"转场"下拉按钮，在下拉列表中选择"胶片 > 横条"选项，如图 10-29 所示。

图 10-29 选择"横条"效果

STEP 3: 将"横条"效果拖到故事面板或时间轴面板中两段视频之间，如图 10-30 所示。

图 10-30 添加"横条"效果

STEP 4: 在播放器中单击"播放"按钮,可以预览效果,如图 10-31 所示。

图 10-31 "横条"效果

交叉效果

STEP 1: 在故事面板或视频轨道中加入两段以上所需要的素材。

STEP 2: 单击"转场"下拉按钮,在下拉列表中选择"果皮 > 横条"选项,如图 10-32 所示。

图 10-32 选择"交叉"效果

STEP 3: 将"交叉"效果拖到故事面板或时间轴面板中两段视频之间,如图 10-33 所示。

图 10-33 添加"交叉"效果

STEP 4: 在播放器中单击"播放"按钮，可以预览效果，如图 10-34 所示。

图 10-34 "交叉"效果

马赛克效果

STEP 1: 在故事面板或视频轨道中加入两段以上所需要的素材。

STEP 2: 单击"转场"下拉按钮，在下拉列表中选择"过滤 > 马赛克"选项，如图 10-35 所示。

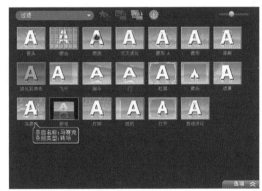

图 10-35 选择"马赛克"效果

STEP 3: 将"马赛克"效果拖到故事面板或时间轴面板中两段视频之间，如图 10-36 所示。

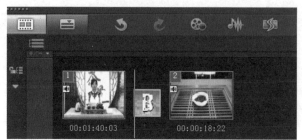

图 10-36 添加"马赛克"效果

STEP 4: 在播放器中单击"播放"按钮，可以预览效果，如图 10-37 所示。

图 10-37 "马赛克"效果

10.1.3 删除转场

如果选择的转场效果不喜欢或者不需要了，可以将其删除，删除的方法有如下两种。

1. 单击要删除的转场并按 [Delete] 键，如图 10-38 所示。

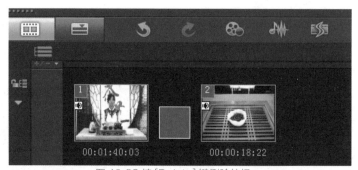

图 10-38 按 [Delete] 键删除转场

2. 用鼠标右键单击转场，在弹出的快捷菜单中选择"删除"选项，如图 10-39 所示。

图 10-39 选择〝删除〞选项

10.1.4 将转场添加至"收藏夹"

从不同类别中收集自己喜欢的转场，将它们保存到收藏夹文件夹中。通过这种方式，可以很方便地找到常用的转场效果。

将转场保存在"收藏夹"中

STEP 1: 选择转场的缩略图，如图 10-40 所示。

STEP 2: 单击"添加到收藏夹"按钮 ![icon]，将转场添加至"收藏夹库"列表，如图 10-41 所示。

图 10-40 转场缩略图

图 10-41 添加到收藏夹

滤镜

视频滤镜是可以应用到素材上，用来改变素材的样式或外观。使用滤镜是增强素材或修正视频中的缺陷的一种有创意的方式。例如，可以制作一个看起像油画的素材或改善素材的色彩平衡。

滤镜可单独或组合应用到"视频轨"、"覆叠轨"、"标题轨"和"音频轨"中。

10.2.1 将视频滤镜应用到"视频轨"上

STEP 1: 单击"素材库"中的滤镜显示各种滤镜样本的缩略图，如图 10-42 所示。

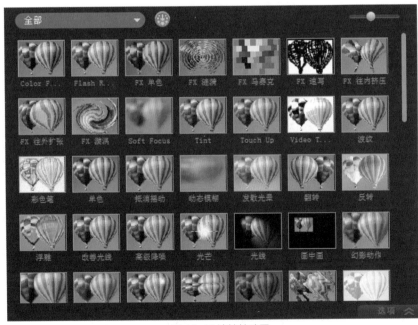

图 10-42 滤镜缩略图

STEP 2: 选择"时间轴"中的素材，然后选择"素材库"中视频滤镜的缩略图。

STEP 3: 将该视频滤镜的缩略图拖放到"视频轨"中的素材上，如图 10-43 所示。

图 10-43 添加滤镜素材

STEP 4: 单击"选项面板"属性选项卡下的"自定义滤镜"，可以自定义视频滤镜的属性。可用的选项取决于所选的滤镜，如图 10-44 所示。

图 10-44 "属性"选项卡

STEP 5: 用"导览"工具可预览应用了视频滤镜的素材。

10.2.2 应用多个滤镜

默认情况下，素材所应用的滤镜总会由拖到素材上的新滤镜替换，取消选取"替换上一个滤镜"复选框可以对单个素材应用多个滤镜。会声会影最多可以向单个素材应用 5 个滤镜。在对项目进行渲染时，只有启用的滤镜才能包含到影片中。

如果一个素材应用了多个视频滤镜，单击▼或▲可改变滤镜的次序。改变视频滤镜的次序会对素材产生不同效果，如图 10-45 所示。

图 10-45 改变滤镜的次序

10.2.3 关键帧设置

会声会影允许以多种方式自定义视频滤镜，如通过添加关键帧到素材中。关键帧可为视频滤镜指定不同的属性或行为，还可以灵活地决定视频滤镜在素材任何位置上的外观和让效果的强度随时间而变。

为素材设置关键帧

STEP 1: 将视频滤镜从"素材库"拖放到"时间轴"中的素材上。

STEP 2: 单击"自定义滤镜"，将弹出相对应的视频滤镜对话框，如图 10-46 所示。

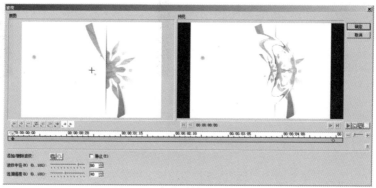

图 10-46 视频滤镜对话框

● 提示：可用设置对于每个视频滤镜都各不相同。

STEP 3: 在关键帧控制中，拖动滑轨或使用箭头，可以转到所需的帧，以便修改视频滤镜的属性，如图 10-47 所示。

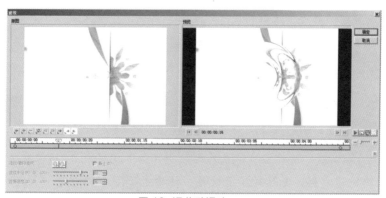

图 10-47 拖动滑动

● 提示：使用鼠标滚轮可以缩小或放大"时间轴控制栏"，从而精确放置关键帧。

STEP 4: 单击"添加关键帧"按钮＋，可以将该帧设置为素材中的关键帧。可以为此特定的帧调整视频滤镜的设置，"时间轴控制栏"上会出现一个棱形标记，此标记表示该帧是素材上的一个关键帧，如图 10-48 所示。

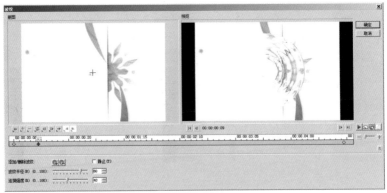

图 10-48 添加关键帧

STEP 5: 重复步骤 3 和 4，可以向素材添加更多关键帧。

STEP 6: 使用"时间轴控制"，可以转到素材中的关键帧。

● 提示：要删除关键帧，可以单击"删除关键帧"。单击"翻转关键帧"按钮可以翻转"时间轴"中的关键帧的顺序，即以最后一个关键帧开始，以第一个关键帧结束。要移动到下一关键帧，可以单击"转到下一个关键帧"按钮；要移动到所选关键帧的前一个关键帧，可以单击"转到上一个关键帧"按钮。

STEP 7: 单击淡入 和淡出 来确定滤镜上的淡化点。

STEP 8: 根据参数选择调整视频滤镜设置。

STEP 9: 在对话框的"预览窗口"中单击"播放"按钮 预览所做的更改。

STEP 10: 单击"确定"按钮，滤镜的淡入淡出效果就制作完成了。

● 提示：可以在"预览窗口"或外部设备（如电视机或 DV 摄像机）上预览应用了视频滤镜的素材。要选择显示设备，请单击 ，然后单击 打开预览回放选项对话框。通过调整视频或图像素材的当前属性（例如，其在色彩校正中的色彩设置），会声会影可以改善视频或图像的外观。

增强素材

10.3.1 调整色彩和亮度

要调整"时间轴"中的照片和视频的色彩、亮度设置，请单击"选项面板"中的"色彩校正"。

调整色彩和亮度

STEP 1: 在"时间轴"上选择要增强的视频或图像素材。

STEP 2: 拖动滑块调整素材的色调、饱和度、亮度、对比度或 Gamma，如图 10-49 所示。

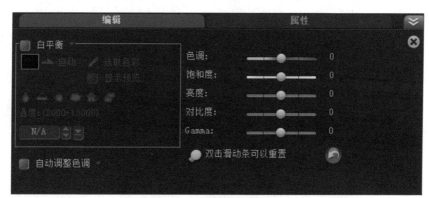

图 10-49 调整色彩选项卡

STEP 3: 观看"预览窗口"以了解新的设置对图像的影响。双击相应的滑动条，重置素材的原始色彩设置。

调整白平衡

"白平衡"通过消除由冲突的光源和不正确的相机设置导致的色偏，从而恢复图像的自然色温。

例如，在图像或视频素材中，白炽灯照射下的物体可能显得过红或过黄。要成功获得自然效果，需要在图像中确定一个代表白色的参考点。会声会影提供了几种用于选择白点的选项。

自动——自动选择与图像的总体色彩相配的白点。

选取色彩——可以在图像中手动选择白点。使用"色彩选取工具"可以选择应为白色或中性灰的参考区域。

白平衡预设——通过匹配特定光条件或情景，自动选择白点。

温度——用于指定光源的温度，以开氏温标 (K) 为单位。较低的值表示钨光、荧光和日光情景，而云彩、阴影和阴暗的温度较高。

白平衡

STEP 1: 在"时间轴"或"素材库"中选择一个视频或照片。

STEP 2: 在"编辑"步骤选项面板的视频或照片选项卡中，单击"色彩校正"，如图 10-50 所示。

图 10-50 色彩校正

STEP 3: 勾选"白平衡"复选框，如图 10-51 所示。

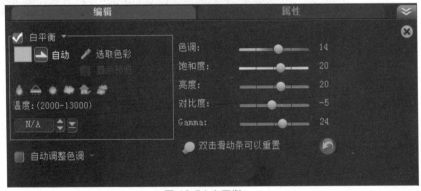

图 10-51 白平衡

STEP 4: 确定标识白点的方法。在各选项中进行选择（自动、选取色彩、白平衡预设或温度），如图 10-52 所示。

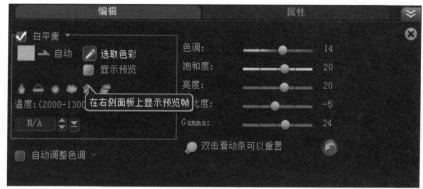

图 10-52 选取颜色

STEP 5: 如果选择了"选取色彩"，则勾选"显示预览"复选框可在"选项面板"中显示预览区域，如图 10-53 所示。

图 10-53 勾选显示预览

STEP 6: 将光标拖动到预览区域时，光标将变为滴管图标。

STEP 7: 单击可在图像中确定代表白色的参考点。

STEP 8: 观看"预览窗口"以了解新的设置对图像的影响。

● 提示：单击"白平衡"下拉箭头可显示更多可用的色彩调整选项，对于色彩强度，可选择鲜艳色彩或一般色彩。至于"白平衡"的敏感度级别，可以选择以下的任意选项：较弱、一般和较强。

调整色调

调整视频或图像素材的色调质量。

1. 单击"编辑"步骤选项面板中的"色彩校正",然后选择"自动调整色调"。

2. 通过单击"自动调整色调"下拉菜单,可以将素材设置为最亮、较亮、一般、较暗或最暗。

10.3.2 应用摇动和缩放效果

摇动和缩放效果应用于照片,它模拟视频相机的摇动和缩放效果。这个也称为"Ken Burns 效果"。

为照片应用摇动和缩放效果

用鼠标右键单击"时间轴"中的照片,然后在弹出的快捷菜单中选择"自动摇动和缩放"选项。还可以通过单击"选项面板"的照片选项卡下的摇动和缩放命令,并将其应用到照片,如图 10-54 所示。

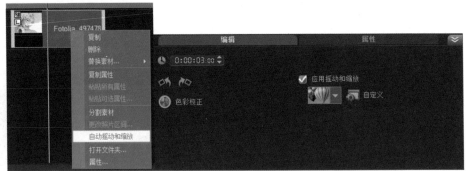

图 10-54 自动摇动和缩放

自定义摇动和缩放效果

STEP 1: 在照片选项卡中选择"自定义摇动和缩放",如图 10-55 所示。

图 10-55 选择自定义摇动和缩放

STEP 2: 在摇动和缩放对话框中,"原始窗口"中的十字代表图像素材中的关键帧。将开始关键帧(由"图像窗口"中的十字表示)拖到要聚焦的区域中,如图 10-56 所示。

STEP 3: 通过将字幕框最小化或增大缩放率，来放大该区域，如图 10-57 所示。

图 10-56 拖动十字标识　　　　　　　图 10-57 放大区域

STEP 4: 将结束关键帧的十字拖到要作为结束点的位置，如图 10-58 所示。

图 10-58 结束点

STEP 5: 单击"播放"按钮 ▶ 预览效果。

STEP 6: 单击"确定"按钮，将此效果应用于图像。

　　"摇动和缩放"对话框中的其他选项允许进一步自定义该效果。单击"停靠框"可以将选取框移动到"原始窗口"的固定位置。

● 提示：要在放大或缩小固定区域时不摇动图像，请选择无摇动。要添加淡入／淡出效果，请增大透明度，图像将淡化到背景色。单击颜色框选择一种背景色，或者使用滴管工具 🖋 在"图像窗口"上选择一种色彩。

10.3.3 调整素材大小和变形素材

调整素材大小或变形素材

1. 在"视频轨"上选择一个素材，然后单击"选项面板"中的属性选项卡。

2. 选择变形素材选项框，将出现黄色拖柄。

（1）拖动角上的黄色拖柄按比例调整素材大小，如图 10-59 所示。

（2）拖动边上的黄色拖柄调整大小但不保持比例，如图 10-60 所示。

图 10-59 拖动黄色拖柄

图 10-60 拖动黄色拖柄不保持比例

（3）拖动角上的绿色拖柄倾斜素材，如图 10-61 所示。

图 10-61 拖动绿色拖柄倾斜

覆叠素材变形

10.4.1 使覆叠素材变形

拖动覆叠素材周围的轮廓框的每个角上的绿色节点。当选择绿色节点时，光标变成一个尾部带有小黑框的小箭头。

● 提示：拖动绿色节点的同时按住 [Shift] 键以使变形保持在当前素材的轮廓框内。

将动画应用到覆叠素材

1. 在属性选项卡中选择方向和样式，覆叠素材将根据所选的方向和样式向方向 / 样式选项下的屏幕来回移动。

2. 单击特定箭头设置素材进入和退出影片的位置。

● 提示：暂停区间决定素材在退出屏幕之前暂停在指定区域的时间长度。如果已将动画应用到覆叠素材，则拖动修整标记来设置暂停区间。

增强覆叠素材

应用透明度、边框、色度键和滤镜可以增强覆叠素材的效果。

对覆叠素材应用透明度

1. 在属性选项卡中单击"遮罩和色度键"。

2. 拖动透明度滑动条以设置覆叠素材的阻光度。

为覆叠素材添加边框

1. 在属性选项卡中单击"遮罩和色度键"。

2. 单击边框箭头键以设置覆叠素材的边框厚度。

3. 单击箭头键旁的边框颜色框以设置边框颜色。

10.4.2 添加遮罩帧

为覆叠素材添加遮罩或镂空罩是在周围应用一个形状，可以将这些形状渲染为不透明或透明。

添加遮罩帧的方法

1. 单击属性选项卡中的"遮罩和色度键"。

2. 单击应用覆叠选项，然后从类型下拉列表中选择"遮罩帧"。

3. 观看"预览窗口"以了解新的设置对图像的影响。

4. 要导入遮罩帧，请首先为项目创建遮罩。单击 ⬛ 浏览文件按钮，然后通过浏览查找图像文件。

可以使用任何图像文件作为遮罩。如果遮罩不是要求的8位图格式，会声会影会自动转换遮罩。还可以使用 Corel PaintShop Pro 和 Corel DRAW 等程序来创建图像遮罩。

使用"绘图创建器"绘制图像和动画

"绘图创建器"是会声会影的一项功能，提供录制绘图、画画或笔画作为动画，以用作覆叠效果。

10.5.1 启动"绘图创建器"对话框

选择"工具 > 绘图创建器"命令，打开"绘图创建器"对话框，如图10-62所示。

图 10-62 "绘图创建器"对话框

1——笔刷厚度：通过一套滑动条和预览框定义笔刷端的厚度。

2——画布/预览窗口：绘图区域。

3——笔刷面板：笔刷/工具端的绘图面板。

4——调色板：可以从"Windows 色彩选取器"或"Corel 色彩选 取器"中选择和指定色彩，也可以通过单击滴管来选取色彩。

5——宏 / 静止绘图库：包含之前录制的素材。

"绘图创建器"控制按钮和滑动条

"新建 / 清除"按钮——启动新的画布或"预览窗口"。

"放大 / 缩小"按钮——放大和缩小绘图的视图。

实际大小——将画布或"预览窗口"恢复到其实际大小。

"背景图像"按钮和滑动条——单击"背景图像"按钮可以将图像用作绘图参考，并能通过滑动条控制其透明度。

"纹理选项"按钮——选择纹理并将其应用到你的笔刷端。

色彩选取工具——从调色板或周围对象中选择色彩。

"擦除模式"按钮——利用该按钮，可以写入或擦除你的绘图 / 动画。

"撤销"按钮——撤销"静态"和"动画"模式中的操作。

"重复"按钮——重复"静态"和"动画"模式中的操作。

"开始录制 / 快照"按钮——录制绘图区域或将绘图添加到"绘图库"中。快照按钮仅在"静态"模式中出现。

"播放 / 停止"按钮——播放或停止当前的绘图动画。仅在"动画"模式中才能启用。

"删除"按钮——将库中的某个动画或图像删除。

"更改区间"按钮——更改所选素材的区间。

"参数选择设置"按钮——启动"参数选择"对话框。

"更改为动画 / 静态"模式按钮——在"动画"模式和"静态"模式之间互相切换。

"确定"按钮——关闭"绘图创建器"，然后在"视频库"中插入动画和图像并将文件以 *.uvp 格式保存到会声会影"素材库"中。

"关闭"按钮——关闭"绘图创建器"模块对话框。

10.5.2 "绘图创建器"模式

有两种绘图创建器模式可供选择，动画模式和静态模式。选择一种绘图创建器模式，可以单击以下其中一个按钮。

动画模式——录制整个绘图区段并将其导出嵌入到"时间轴"中。

静态模式——用不同的工具组合创建图像文件，方法与创建其他数字图像相同。

默认情况下，"绘图创建器"会启动动画模式。

更改默认素材区间

1. 单击"参数选择设置"按钮，显示"参数选择"对话框。

2. 在常规选项卡中，增加或减少默认录制区间。

3. 单击"确定"按钮。

使用参考图像

单击"背景图像选项"按钮，打开"背景图像选项"对话框。

1. 参考默认背景色——为你的绘图或动画选择单色背景。

2. 当前时间轴图像——使用当前显示在"时间轴"中的视频帧。

3. 自定义图像——打开一个图像并将其用作绘图或动画的背景。

绘制静态图像

录制绘图动画

1. 单击"开始录制"按钮。

2. 使用不同的笔刷和色彩组合在画布或"预览窗口"中绘制静态图像，结束后单击停止录制，绘图动画会自动保存到"绘图创建器素材库"中。

10.5.3 播放绘图动画

从"宏 / 静止绘图库"中选择所需的动画，然后单击播放按钮播放所选的画廊条目。

1. 将动画转换为静态图像。

2. 用鼠标右键单击动画缩略图，在弹出的快捷菜单中选择"将动画效果转换为静态"选项。

3. 可以使用静态图像作为动画的开场或结束素材。

4. 将动画和图像导入会声会影"素材库"。

在"画廊"中选择所需的动画和图像，然后单击"确定"按钮，会声会影会自动将动画插入到"素材库"的"视频"文件夹中，将图像插入到"图像"文件夹中，两者的格式都为 *.UVP 格式。

指定笔刷设置

STEP 1:　单击"设置"按钮。

STEP 2:　修改笔刷属性以获得想要的笔触效果，如图 10-63 所示。

图 10-63 修改笔刷属性

● 提示：选项依绘图工具的不同而不同。

STEP 2:　单击"确定"按钮，笔刷的设置就完成了。

字幕及音乐特效制作

- 字幕特效制作
- 音乐特效编辑
- 使用素材音量控制
- 应用音频滤镜

字幕特效制作

11.1.1 标题和字幕

通过会声会影，可以在几分钟内就创建出带特殊效果的专业化外观的标题。虽然一幅图片就可以包含很多信息，但是视频作品中的文字（也就是字幕、开场和结束时的演职员表等）可使影片信息更加丰富。

会声会影允许用多文字框和单文字框来添加文字。使用多文字框能灵活地将不同文字放置在视频帧的任何位置，并安排文字的叠加顺序。在为项目创建标题时，单文字框非常适用。

想在最短的时间内创建出生动的标题，并且让它具有专业化的外观和效果，就应该在学习制作标题前先熟悉"标题"步骤选项卡的内容。主要包括："编辑"和"动画"两个选项。

直接在"预览窗口"添加多个标题

STEP 1: 在"素材库面板"中单击"标题"按钮，如图 11-1 所示。

图 11-1 标题素材库

STEP 2: 双击"预览窗口",如图 11-2 所示。

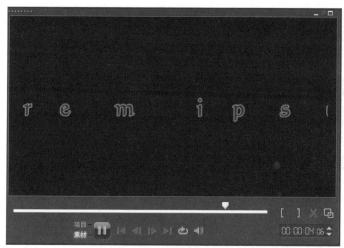

图 11-2 预览窗口

STEP 3: 在编辑选项卡中,选择"多个标题"单选按钮,如图 11-3 所示。

图 11-3 选择多个标题

STEP 4: 使用导览面板中的按钮可以扫描影片,并选取要添加标题的帧,如图11-4所示。

图 11-4 导览面板

STEP 6: 双击"预览窗口"并输入文字，如图 11-5 所示。

图 11-5 双击"预览窗口"

● 提示：输入完成后，单击文本框之外的地方。要添加其他文字，在"预览窗口"中再次双击。还可以从"素材库"中添加一个预设标题并修改"预览窗口"中的文字。只需将一个预设标题略图从"素材库"拖动到"标题轨"，并修改"预览窗口"中的文字即可。

11.1.2 将标题保存到"素材库"的"收藏夹"中

如果希望对其他项目使用已创建的标题，建议将其保存在"素材库"的"收藏夹"中。还可以将一个标题拖动到"素材库"进行保存或用鼠标右键单击"时间轴"中的标题素材，并单击添加到收藏夹，如图 11-6 所示。

标题安全区域

建议将文字保留在标题安全区域之内。标题安全区域是"预览窗口"上的矩形白色轮廓，将文字置于标题安全区域内将确保标题的边缘不会被剪切掉，如图 11-7 所示。

图 11-6 标题安全区域

图 11-7 标题安全区域

显示或隐藏标题安全区域

STEP 1: 选择"设置 > 参数选择"命令，如图 11-8 所示。

STEP 2: 在"常规"选项卡下，勾选"在预览窗口中显示标题安全区域"复选框，如图 11-9 所示。

图 11-8 参数选择　　　　　　　　　　图 11-9 标题安全区域

编辑标题

STEP 1: 选择"标题轨"上的标题素材，然后单击"预览窗口"启用标题编辑，如图 11-10 所示。

图 11-10 标题轨

STEP 2: 使用"选项面板"中的编辑和属性选项卡修改标题素材的属性，如图 11-11 所示。

图 11-11 编辑和属性选项卡

调整标题素材的区间

拖动素材的拖柄,如图 11-12 所示,或在"编辑"选项卡中输入区间值,如图 11-13 所示,可以调整标题素材区间。

图 11-12 拖动素材拖柄

图 11-13 编辑输入区间值

● 提示:要查看标题在底层视频素材上显示的外观,请选中此标题素材并单击播放修整后的素材或拖动滑轨。

修改文字的属性

使用"标题库"的"编辑"选项卡中可用的设置可修改文字的属性,如:字体、样式和大小等,如图 11-14 所示。单击"标题库"的标题,然后转到"编辑"选项卡应用修改文字属性的可用选项。

可借助更多选项设置文字的样式和对齐方式,对文字应用边框、阴影和透明度,以及为文字添加文字背景。

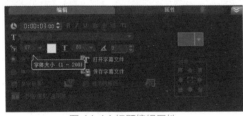

图 11-14 标题编辑属性

图 11-15 边框、阴影和透明度

单击"边框、阴影和透明度"按钮 T ,如图 11-15 所示。弹出"边框 / 阴影 / 透明度"对话框,可以对边框和阴影的参数进行设置,如图 11-16 所示。

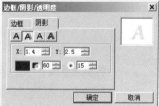

图 11-16 边框和阴影参数选择对话框

添加文字背景

STEP 1: 勾选"文字背景"复选框，如图 11-17 所示，并且显示"自定义文字背景属性"，单击"自定义文字背景的属性"按钮，打开"文字背景"对话框，如图 11-18 所示。

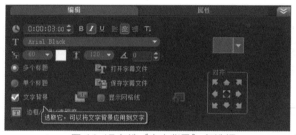

图 11-17 勾选〝文字背景〞复选框　　　　图 11-18 文字背景对话框

STEP 2: 选择"单色背景栏"或"与文本相符"单选按钮，如图 11-19、如图 11-20 所示。

图 11-19 单色背景栏

图 11-20 与文本相符

STEP 3: 选择"单色背景栏",选择"单色"单选按钮,效果如图 11-21 所示;选择"渐变"单选按钮设置渐变色并设置透明度,如图 11-22 所示。

图 11-21 单色效果　　　　　　　　　　图 11-22 渐变色效果

在"预览窗口"中旋转文字

STEP 1: 选择一个文字,在"预览窗口"显示黄色和紫色拖柄,如图 11-23 所示。

STEP 2: 单击并拖动紫色拖柄到想要的位置,如图 11-24 所示。

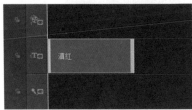 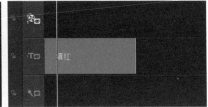

图 11-23 黄色、紫色拖柄　　　　　　　图 11-24 单击拖动紫色拖柄

● 提示:还可以使用"选项面板"旋转文字。在编辑选项卡的"按角度旋转"文本框中设定数值,以便更精确地旋转角度,如图 11-25 所示。

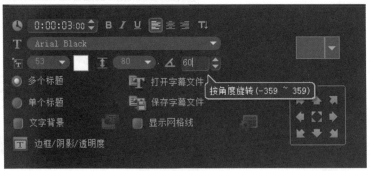

图 11-25 旋转角度

音乐特效编辑

　　会声会影可以将 CD 上的声轨录制并转换为 WAV 文件，然后将它们插入到"时间轴"，还支持 WMA、AVI 以及其他可直接插入"音乐轨"中的流行音频文件格式。从音频 CD 导入音乐轨。会声会影复制 CDA 音频文件，然后将其作为 WAV 文件保存在硬盘上。

　　声音是视频作品获得成功的元素之一，会声会影允许为项目添加画外音和音乐。会声会影中的"音频"功能由两个轨组成：声音和音乐。可将画外音插入声音轨，将背景音乐或声音效果插入音乐轨。

11.2.1 从音频 CD 导入音乐

STEP 1: 在"时间轴"视图中单击"录制/捕获选项" 按钮，然后单击"从音频 CD导入"按钮，将打开"转存 CD 音频"对话框，如图 11-26 所示。

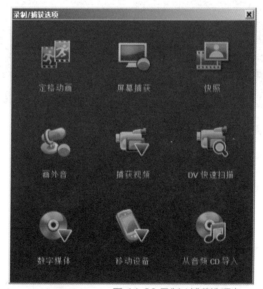

图 11-26 录制/捕获选项卡

STEP 2: 在轨列表中选择要导入的音轨。

STEP 3: 单击"浏览"按钮并选择要保存 / 导入文件的目标文件夹。

STEP 4: 单击"转存"开始导入音频轨。

添加音频文件

可以用以下任一方法将音频文件添加到项目中。

1.将音频文件从本地或网络驱动器添加到"素材库"。

2.转存 CD 音频。

3.录制画外音素材。

4.使用自动音乐,也可以从视频文件中提取音频。

11.2.2 添加画外音

淘宝店家产品展示视频通常使用画外音来帮助购买者理解视频中产品的介绍和使用方法。利用会声会影可以录制自己的画外音。

添加画外音

STEP 1: 将"滑轨"移动到视频部分中要插入画外音的位置,如图 11-27 所示。

图 11-27 插入画外音

STEP 2: 在"时间轴"视图中单击"录制 / 捕获选项"按钮并选择"画外音",打开"调整音量"对话框,如图 11-28 所示。,

● 提示:不能在现有素材上录音。选中素材后,录音将被禁用,单击"时间轴"上的空白区域,确保未选中任何素材。

STEP 3: 对话筒讲话,检查仪表是否有反应。可使用 Windows 混音器调整话筒的音量级别。

STEP 4: 单击"开始"按钮并开始对话筒讲话，如图 11-29 所示。

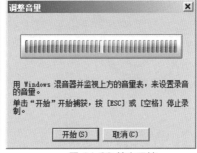

图 11-28 选择画外音　　　　　　　图 11-29 单击开始

STEP 5: 按下 [Esc] 或 [Space] 键以结束录音。

● 提示：录制画外音的最佳方法是录制 10 ~ 15 秒的画外音，这样更便于删除录制效果较差的画外音并重新进行录制。要删除画外音，只需在"时间轴"上选取此素材并按下 [Delete] 键。

11.2.3 添加第三方音乐

1. 单击工具栏中的自动音乐。

2. 在文件夹中选择程序，并将搜索音乐文件。

3. 选择滤镜和子滤镜确定项目中所使用的音乐的分类和流派。

4. 在音乐库中选择要使用的音乐。

5. 选择所选音乐的变化。单击播放所选的音乐，回放已应用变化的音乐。

6. 单击添加到时间轴并设置音频素材的音量级别。

选择自动修整来自动修整音频素材或剪辑到所要的区间。

在"音乐和声音"选项卡中找到音量控制，素材音量代表原始录制音量的百分比。取值范围为 0 % ~ 500%，其中 0% 将使素材完全静音，100% 将保留原始的录制音量，如图 11-30 所示。

图 11-30 音乐和声音选项

使用素材音量控制

11.3.1 修整和剪辑音频素材

在录制声音和音乐后，可以在"时间轴"上轻松修整音频素材。

修整音频素材

执行以下其中一项操作，即可修整音频素材。

1. 从开始或结束位置拖动拖柄以缩短素材，如图 11-31 所示。

图 11-31 拖动拖柄

2. 在"时间轴"上，选中的音频素材有两个拖柄，可用它们来进行修整，如图 11-32 所示。

图 11-32 修整音频素材

3. 拖动修整标记，如图 11-33 所示。

图 11-33 移动滑轨

4. 移动滑轨，然后单击"开始标记 / 结束标记"按钮，如图 11-34 所示。

图 11-34 单击标记

分割音频素材

单击"分割素材"按钮  分割素材，如图 11-35 所示。

图 11-35 分割素材

11.3.2 延长音频区间

时间延长功能可以延长音频素材以配合视频区间，而不会使其失真。通常，为适合项目而延长视频素材将导致声音失真。时间延长功能将使音频素材听上去像是以更慢的拍子进行播放。

● 提示：如果将音频素材调整到 50% ~ 150%，声音将不会失真。但是，如果调整到更低或更高的范围，则声音可能会失真。

延长音频素材的区间

STEP 1: 单击"时间轴"或"素材库"中的音频素材打开选项面板，如图 11-36 所示。

图 11-36 选项卡

STEP 2: 在"音乐和声音"选项卡面板中，单击"速度 / 时间流逝"按钮打开"速度 / 时间流逝"对话框，如图 11-37 所示。

STEP 3: 在速度中输入数值或拖动滑动条，以此改变音频素材的速度。较慢的速度使素材的区间更长，而较快的速度可以使其更短，如图 11-38 所示。

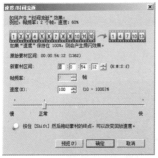

图 11-37 打开速度 / 时间流逝

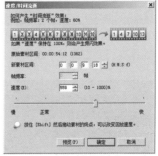

图 11-38 调整速度

● 提示：可以在时间延长区间中指定素材播放的时间长度，素材的速度将根据指定区间自动调整。如果指定较短的时间，此功能将不会修整素材。

按住 [Shift] 键然后拖动所选音频素材的拖柄，这样可在时间轴中延长此音频素材的时间，如图 11-39 所示。

图 11-39 按住 [Shift] 键拖动素材

11.3.3 淡入 / 淡出

逐渐开始和结束的背景音乐通常用于创建平滑的过渡。

为音频素材应用淡化效果

单击淡入 ▮▮▮ 和淡出 ▪▪▮▮ 按钮，可以为音频素材添加淡化效果，如图 11-40 所示。

图 11-40 淡入、淡出按钮

11.3.4 音频视图

将画外音、背景音乐和视频素材中已有的音频很好地混合在一起的关键是控制素材的相对音量。

混合项目中的不同音频轨

STEP 1: 单击工具栏上的"混音器"按钮，如图 11-41 所示。

图 11-41 单击工具栏

STEP 2: 如果处于"立体声"模式，会显示 2 声道混音器，如图 11-42 所示。

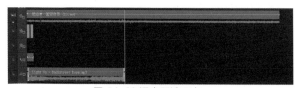

图 11-42 混音器选项卡

使用环绕混音

与仅携带两个声道的立体声流不同，环绕声有五个单独的声道编码在一个文件中，该文件发送到五个扬声器和一个副低音。

"环绕混音"完全控制声音在收听者周围的布置，通过多个扬声器的 5.1 配置输出音频。还可以使用此混用器调整立体声文件的音量，使之听上去就像音频是从一个扬声器移至另一个扬声器的声音环绕效果，如图 11-43 所示。

图 11-43 环绕混音

调整立体声声道

立体声文件中（2 声道）单个波形表示左右声道。

使用立体声模式

STEP 1: 转到设置并禁用或取消选取菜单中的启用 5.1 环绕声，如图 11-44 所示。

STEP 2: 单击工具栏上的"混音器"按钮，设置混音，如图 11-45 所示。

图 11-44 启用环绕声   图 11-45 选择混音器

STEP 3: 单击"音乐轨"，混音线效果如图 11-46 所示。

图 11-46 单击音乐轨

STEP 4: 单击"选项面板"中的"播放"按钮，如图 11-47 所示。

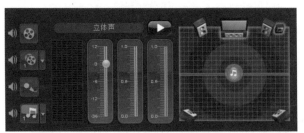

图 11-47 单击"播放"按钮

STEP 5: 单击"环绕混音"中央的音符符号，然后根据所需的声音位置进行调整，如图 11-48 所示。

● 提示：移动音符符号将影响来自于首选方向的声音。

STEP 6: 拖动音量调整音频的音量级别，如图 11-49 所示。

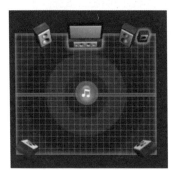

图 11-48 混音器中央音符符号

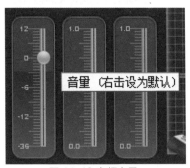

图 11-49 音频音量

11.3.5 混合环绕声

"环绕声"的所有声道都有一组相似的控件，可以在此面板的立体声配置中找到这些控件，此外还有很多其他特定控件。

六声道 VU 表──左前、右前、中央、副低音、左环绕、右环绕。

中央──控制中央扬声器的输出音量。

副低音──控制低频音输出音量。

使用环绕声模式

STEP 1: 选择"设置 > 启用 5.1 环绕声"命令，如图 11-50 所示。

STEP 2: 单击工具栏上的"混音器"按钮 ，设置环绕声模式，如图 11-51 所示。

图 11-50 启用 5.1 环绕声

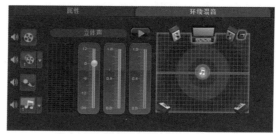

图 11-51 单击混音器按钮打开选项卡

STEP 3: 单击"环绕混音"中央的音符符号。根据声音位置设置参数，将其拖到六个声道中的任何一个。重复使用立体声模式中的步骤 1 和步骤 2。

STEP 4: 拖动音量、中央和副低音滑块调整音频的声音控制，如图 11-52 所示。

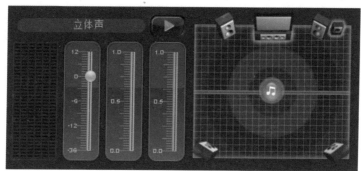

图 11-52 控制框

● 提示: 也可以在视频、覆叠和声音中调整轨道的声音位置参数。为此，单击"首选轨道"按钮，然后重复步骤 2 和步骤 3。

11.3.6 复制音频的声道

有时音频文件会把人声和背景音频分开并放到不同的声道上。复制音频的声道可以使其他声道静音。

要复制音频声道，单击工具栏中的"混音器"按钮。单击属性选项卡并勾选"复制声道"复选框。选择要复制的声道，可能是左或右，如图 11-53 所示。

图 11-53 复制声道

应用音频滤镜

会声会影允许为音乐和声音轨中的音频素材应用滤镜。

STEP 1: 单击音频素材打开选项面板, 如图 11-54 所示。

图 11-54 单击音频素材选项面板

STEP 2: 在"音乐和声音"选项卡中单击"音频滤镜"按钮, 如图 11-55 所示, 打开"音频滤镜"对话框。

STEP 3: 在"可用滤镜"列表中, 选择所需的音频滤镜并单击"添加"按钮, 如图 11-56 所示。

图 11-55 单击音频滤镜 　　　　　　　　图 11-56 音频滤镜对话框

● 提示: 如果"选项"按钮已启用, 则可以对音频滤镜进行自定义。单击"选项"按钮, 可以打开对话框, 在其中为特定音频滤镜定义设置。

STEP 4: 单击"确定"按钮, 音频滤镜的设置就完成了。

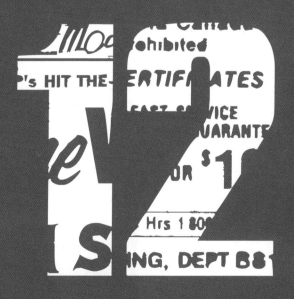

影片的输出

12.1 分享

"分享"步骤选项面板

以满足观众需求或其他用途的视频文件格式分享项目。可以将渲染的影片作为视频文件导出，将项目刻录为带有菜单的 AVCHD、DVD 和 BDMV 光盘，导出到移动设备或直接上传到 Vimeo、YouTube、Facebook 或 Flickr 账户。

在"分享"选项卡中，会声会影显示有"媒体素材库"和"分享选项面板"。"分享选项面板"中包含以下任务，如图 12-1 所示。

创建视频文件——创建具有指定项目设置的项目视频文件。

创建声音文件——允许将项目的音频部分保存为声音文件。

创建光盘——启动"光盘制作向导"，以 AVCHD、DVD 或 BDMV 格式输出项目。

图 12-1 分享面板

导出到移动设备——创建可导出版本的视频文件，可在 iPhone、iPad、iPod Classic、iPod touch、Sony PSP、Pocket PC、smartphone、Nokia 手机、Windows Mobile-based Device 设备和 SD（安全数字）卡等外部设备上使用。

项目回放——清空屏幕，并在黑色背景上显示整个项目或所选片段。如果有连接到系统的 VGA-TV 转换器、摄像机或录像机，则还可以输出到磁带。它还允许在录制时手动控制输出设备。

DV 录制——使用 DV 摄像机将所选视频文件录制到 DV 磁带上。

HDV 录制——使用 HDV 摄像机将所选视频文件录制到 DV 磁带上。

上传到网站——使用 Vimeo、YouTube、Facebook 和 Flickr 账户在线共享视频。

12.2 创建视频文件

会声会影可以创建项目的视频文件，可以选择多种文件格式和视频设置，还可以将项目输出为 3D 格式。

● 提示：在将整个项目渲染为影片文件之前，务必通过选择"文件 > 保存或另存"命令为先将其保存为会声会影项目文件（*.VSP）。这样，可以随时返回项目并进行编辑。

12.2.1 创建整个项目的视频文件

1.单击"分享选项面板"中的创建视频文件按钮，在弹出的快捷菜单中显示了创建视频文件的多个选项，如图 12-2 所示。

2.选择预设影片模板，可选择一种输出格式或以下选项之一。

（1）与第一个视频素材相同——使用视频轨上的第一个视频素材的设置。

（2）与项目设置相同——使用当前项目的设置。可以通过选择"设置 > 项目属性"命令来访问当前项目的设置。

（3）MPEG 优化器——可以优化 MPEG 影片的渲染。

（4）自定义——可以选择自己的设置来创建影片。要创建影片模板，请选择"设置 > 制作影片模板管理器"命令。

图 12-2 创建整个项目视频文件惨淡

3.输入文件名并单击"保存"按钮。影片文件将保存在当前库中。

● 提示：按下 [Esc] 键可中止渲染过程。

单击进度条上的"暂停 / 播放"按钮可暂停和继续渲染过程，也可以在渲染时启动回放或停止预览以缩短渲染时间，如图 12-3 所示。

图 12-3 渲染进度

12.2.2 创建视频文件的预览范围

STEP 1: 通过单击"时间轴"或单击"预览窗口"中的项目确保没有选中任何素材，如图 12-4 所示。

STEP 2: 使用修整标记选择一个预览范围，也可以沿着标尺拖动三角形，然后按 [F3] 和 [F4] 键来分别标记开始和结束点，如图 12-5 所示。代表选定范围的橙线应显示在"时间轴"标尺上，如图 12-6 所示。

图 12-4 时间轴素材

图 12-5 修整标记

STEP 3: 单击"选项面板"中的"创建视频文件"按钮，如图 12-7 所示。

图 12-6 "时间轴"标尺

图 12-7 选择创建视频文件

STEP 4: 选择影片模板。

STEP 5: 在"创建视频文件"对话框中，单击选项，设置选项。

STEP 6: 在选项对话框中，选择预览范围，然后单击"确定"按钮。

STEP 7: 输入文件名并单击"保存"按钮。

优化 MPEG 视频设置

MPEG 优化器使得创建和渲染 MPEG 格式的影片更加快速。它分析并查找要用于项目的最佳 MPEG 设置或最佳项目设置配置文件并保持项目质量。作为附加功能，现在可以指定输出目标文件的大小以与所需输出的文件大小限制相符合。

"MPEG 优化器"自动检测项目中的更改，并且仅渲染编辑过的部分，从而使渲染时间更快。

打开"MPEG 优化器"对话框

单击"创建视频文件"按钮，然后从弹出的菜单中选择"MPEG 优化器"。打开"MPEG 优化器"对话框，该对话框显示了如果选择应用优化项目的最终文件大小，如图 12-8 所示。

● 提示：选择 MPEG 影片模板时，"MPEG 优化器"将自动启用。要阻止在选择 MPEG 影片模板时显示 MPEG 优化器对话框，请不要选中参数选择的常规选项卡中的显示 MPEG 优化器对话框。

最佳项目设置配置文件——程序可决定输出的最佳项目设置。

图 12-8 MPEG 优化器

自定义转换文件的大小——可以输入所需输出的文件大小。"视频设置"和"音频设置"会根据指定的文件大小自动进行调整。

创建视频文件

会声会影可以创建 3D 影片或将普通的 2D 视频转化为 3D 视频文件。使用此功能并结合兼容的 3D 工具，只需几个简单的步骤就可以在屏幕上观看 3D 视频了。

12.4.1 创建 3D 视频文件

STEP 1: 在"分享"步骤选项面板中，单击"创建视频文件"按钮，然后选择"3D"选项，如图 12-9 所示。

STEP 2: 从子菜单中选择视频格式，将显示"创建视频文件"对话框，如图 12-10 所示。

图 12-9 创建视频文件菜单

图 12-10 选择视频格式

STEP 3: 单击"选项"按钮，指定其他视频文件设置。

STEP 4: 根据 3D 项目中所使用的媒体素材的属性，启用以下其中一个选项，如图 12-11 所示。

创建 3D 文件──此选项在使用标记的 3D 媒体素材且未应用 2D 滤镜或效果时可用。

3D 模拟器──此选项在"时间轴"中有可模拟为 3D 的 2D 媒体素材时可用。在"深度"文本框中输入一个值来调整 3D 视频文件的深度。

从以下选项中选择一种 3D 转换模式，如图 12-11 所示。

红蓝模式──观看 3D 视频只需红色和蓝色立体 3D 眼镜，无须专门的显示器。

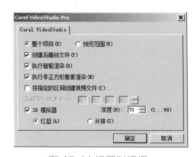

图 12-11 设置对话框

并排模式——观看 3D 视频需要偏振光 3D 眼镜和可兼容的偏振光显示器。

● 提示：需要一个可支持并排模式 3D 视频回放的回放软件来观看 3D 视频文件。对于 3D 电视，则需要 3D 设备和眼镜。

STEP 5: 输入文件名并单击"保存"按钮，影片文件将保存在当前库中，如图 12-12 所示。

图 12-12 输入文件名并保存

12.4.2 创建 HTML5 视频文件

将项目输出为带超链接和章节的 HTML5 格式。此视频格式可与支持 HTML5 技术的浏览器兼容，如 Google Chrome 12、Internet Explorer 9 和 Mozilla Firefox 7 及更高版本。同时，还支持用于 iPhone、iPad 和 iPod 触摸设备的 Safari 浏览器。

● 提示：处理 HTML5 项目时只能制作 HTML5 视频。

STEP 1: 单击"分享"步骤选项面板中的"创建 HTML5 文件"按钮⊕，将显示创建 HTML5 文件对话框。

STEP 2: 在文件夹路径中，查找要保存 HTML5 视频文件夹的文件夹。

STEP 3: 在项目文件夹名中输入一个名称。

STEP 4: 在项目维度中，从下拉列表中选择屏幕分辨率和宽高比。

● 提示：如果浏览器仅支持单轨的音频和视频，则启用平整音频和背景视频。

STEP 5: 单击"确定"按钮，程序会渲染项目并自动打开指定的文件夹。

12.4.3 创建声音文件

会声会影允许将视频项目中的音频轨保存为单独的音频文件。如果要将同一个声音应用到其他图像上，或要将捕获的现场表演的音频转换成声音文件，则此功能尤其有用。会声会影能够在项目中轻松创建 M4A、OGG、WAV 或 WMA 格式的音频文件。

创建音频文件

STEP 1: 单击"分享"步骤选项面板中的"创建声音文件"按钮，还可以通过选取"素材库"中已有的视频文件来创建声音文件，如图 12-13 所示。

STEP 2: 从保存类型列表中，选择要使用的音频格式，然后单击"选项"按钮以显示音频保存选项对话框，如图 12-14 所示。

图 12-13 选择创建声音文件　　　　　　图 12-14 保存选项对话框

STEP 3: 微调音频属性并单击"确定"按钮，如图 12-15 所示。

STEP 4: 输入文件名并单击"保存"按钮，如图 12-16 所示。

图 12-15 音频属性　　　　　　　图 12-16 输入文件名并单击保存

● 会声会影可将项目刻录到 DVD、AVCHD、Blu-ray 或 BD-J。

12.5 创建光盘

12.5.1 将项目输出到光盘上

STEP 1: 单击"选项面板"中的"创建光盘"按钮，如图 12-17 所示。

STEP 2: 在显示的菜单中选择一种输出格式，将显示一个新窗口，用于自定义光盘输出，如图 12-18 所示。打开创建光盘界面，如图 12-19 所示。

图 12-17 选择创建光盘

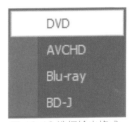

图 12-18 选择输出格式

图 12-19 创建光盘界面

● 提示：即使未将会声会影项目保存为 *.vsp 文件，也可以将其导入"创建光盘"对话框进行刻录。导入的视频会自动调整为正确的宽高比（按"光盘模板管理器"对话框中的说明），使用 Letterbox 或 Pillarbox 模式使其适合正确的宽高比。

12.5.2 组合文件

添加视频

STEP 1: 单击添加视频文件，查找存储视频的文件夹，选择一个或多个视频素材。

STEP 2: 单击"打开"按钮，如图 12-20 所示。

视频素材添加到"媒体素材列表"后，可能会看到一个黑色的缩略图，这可能是因为视频素材的第一个帧是黑色的。要更改缩略图，单击视频素材，将"飞梭栏"移动到想要的场景，用鼠标右键单击缩略图并选择"改变缩略图"选项。

要添加会声会影项目

STEP 1: 单击添加 VideoStudio 项目文件，查找存储项目的文件夹，选择一个或多个想要添加的视频项目。

STEP 2: 单击"打开"按钮，添加需要加入的项目，如图 12-21 所示。

图 12-20 打开视频文件　　　　图 12-21 "打开"对话框

● 提示：可以从 DVD/DVD-VR、AVCHD 和 BDMV 光盘中添加视频。还可以使用飞梭栏、开始标记 / 结束标记和导览控制来修整视频素材和 VideoStudio 项目。修整视频允许随意精确地编辑视频长度。

12.5.3 添加和编辑章节

此功能只在选择创建菜单选项时才可用。通过添加章节，可以创建与相关视频素材链接的子菜单，如图 12-22 所示。

● 提示：每个视频素材最多可以创建 99 个章节。每个章节在子菜单中都显示为一个视频缩略图，就像是视频素材的书签。当用户单击章节时，视频的播放将从所选章节开始，如图 12-23 所示。

图 12-22 打开添加 / 编辑章节

图 12-23 添加 / 编辑章节对话框

● 提示：如果未选择创建菜单选项，单击"下一步"后不会创建任何菜单，而是直接预览步骤。如果只使用一个会声会影项目或一个视频素材创建光盘，那么创建菜单时不要选择"将第一个素材用作引导视频"。

创建光盘菜单

光盘菜单可使用户轻松地浏览光盘的内容，方便地选择要观看的特定视频部分。在会声会影中，可以通过应用菜单模板，并进行编辑使之符合项目需求来创建光盘菜单。

要编辑菜单模板，选择编辑选项卡中的选项或单击预览窗口中的菜单对象。还可以添加新文本、修饰和注解菜单。自定义模板可保存为新的菜单模板。

如果制作 Blu-ray 光盘，可以创建无须中断回放即可使用的高级菜单。这表示，用户可以在观看影片的同时浏览光盘的内容。

高级菜单模板由三个不同的图层组成：背景设置、主题菜单和章节菜单。可以编辑当前选定图层中的菜单对象。

12.6.1 应用菜单模板

将背景音乐添加到菜单

1. 单击"编辑"选项卡中的"设置背景音乐"按钮，并从选项菜单中选择要作为背景音乐的音频文件。

2. 在"打开音频文件"对话框中，选择要使用的音频文件。

单击"设置音频属性"按钮调整音频的持续时间并应用淡入淡出效果。

将背景图像或视频添加到菜单

1. 单击"编辑"选项卡中的设置背景按钮，并从选项菜单中选择要作为背景图像或视频的图像或视频文件。

2. 在"打开图像文件"或"打开视频文件"对话框中，选择要使用的图像文件或视频。

添加菜单滤镜和转场效果

1. 单击"预览窗口"中的菜单对象。

2. 在编辑选项卡中单击要应用的滤镜或效果。

移动路径——为菜单对象（如标题、缩略图按钮和导览按钮）应用一个预定义的移动路径。

菜单进入 / 菜单离开——打开选择滤镜和转场效果。如果菜单模板具有"菜单进入"效果，则其默认持续时间为 20 秒。

12.6.2 对齐多个菜单对象

1. 通过按 [Ctrl] 键可在"预览窗口"中选择多个对象。

2. 单击鼠标右键，弹出对话框，选择"对齐"命令，并从以下选项中进行选择。

左 / 上 / 右 / 下——水平移动所有选定对象（模型对象除外）使其左 / 上 / 右 / 下侧与模型对象的左 / 上 / 右 / 下侧对齐。

垂直居中——垂直移动所有选定对象使其与最上 / 下端的对象居中对齐。

水平居中——水平移动所有选定对象使其与最左 / 右端的对象居中对齐。

同时居中——移动所有选定对象使其与最上 / 下 / 左 / 右端的对象居中对齐。

垂直均匀间隔——垂直移动所有选定对象（最上 / 下端的对象除外），使其垂直间隔均匀。此菜单项仅当选择三个以上对象时才可用。

水平均匀间隔——水平移动所有选定对象（最左 / 右端的对象除外），使其水平间隔均匀。此菜单项仅当选择三个以上对象时才可用。

等宽 / 等高——调整所有选定对象的大小（模型对象除外），使其具有与模型对象相同的宽度 / 高度。

宽高相等——调整所有选定对象的大小（模型对象除外），使其具有与模型对象相同的宽度和高度。

排列菜单对象的 Z- 次序

在"预览窗口"中用鼠标右键单击菜单对象，在弹出的快捷菜单中选择"排列"，然后从以下排列选项中进行选择。

向上一层——将选定对象上移一层。

向下一层——将选定对象下移一层。

移到顶端——将选定对象移到顶层。

移到底端——将选定对象移到背景对象的上一层。

现在，可以在将影片刻录到光盘之前观看其效果。只需移动鼠标并单击"播放"按钮即可在计算机上观看影片和检验菜单。可以像使用标准光盘播放器上的标准遥控器一样使用此处的导航控制，如图 12-24 所示。

图 12-24 预览窗口

12.7.1 将项目刻录到光盘上

这是光盘创建过程的最后一个步骤，可以将影片刻录到光盘、保存到硬盘中的文件夹或创建光盘镜像文件以便日后刻录。

刻录选项

光盘刻录机——刻录设备的设置。

卷标——输入 Blu-ray 光盘 / DVD 的卷标名称，一个卷标最多可以包含 32 个字符。